图书在版编目（CIP）数据

烟斗把玩与鉴赏 / 于川编著. — 2版（修订本）. —
北京 ：北京美术摄影出版社，2012.7

（把玩艺术系列图书）

ISBN 978-7-80501-485-2

Ⅰ．①烟… Ⅱ．①于… Ⅲ．①吸烟—生活用具—基本
知识 Ⅳ．①TS938.99

中国版本图书馆CIP数据核字(2012)第100376号

把玩艺术系列图书

烟斗把玩与鉴赏（修订本）
YANDOU BAWAN YU JIANSHANG

于 川 编著

出　　版　北京出版集团公司
　　　　　北京美术摄影出版社
地　　址　北京北三环中路6号
邮　　编　100120
网　　址　www.bph.com.cn
总 发 行　北京出版集团公司
经　　销　新华书店
印　　刷　北京画中画印刷有限公司
版　　次　2012年7月第2版　2014年11月第3次印刷
开　　本　889毫米×1194毫米　1/36
印　　张　3.5
字　　数　50千字
书　　号　ISBN 978-7-80501-485-2
定　　价　28.00元
质量监督电话　010-58572393

目录

烟
斗
把
玩
与
鉴
赏

壹 烟斗溯源

第一节　烟草的发现和吸烟形式的演变

　　烟草原本是美洲大陆特有的植物种群，考古发现，在美国亚利桑那州北部柏布罗城的公元650年前后印第安人居住的洞穴中，存有大量的烟叶和烟斗等遗物，这说明印第安人至少在1350年前就已经开始使用烟斗了，而他们吸食烟草的历史则更长，墨西哥恰帕斯州帕伦克的一座建于公元432年的神殿的浮雕上就刻有玛雅人在祭祀典礼时以管吹烟和吸烟的雕像，如此算来，人类吸食烟草的历史至少有1500多年了。

　　在新大陆发现之前，烟草这种神奇的植物还只是局限于远离欧亚文明的美洲大陆，而其真正广为人知，恐怕还要归功于哥伦布及其后的众多欧洲殖民者。1492年10月11日，哥伦布发现了美洲大陆，在为欧洲殖民主义开疆拓土的同时，殖民者们也把美洲大陆特有的烟草和烟斗传向欧洲及整个世界，使之迅速地占据了世界的每一个角落，深入了亿万人的生活，从那时至今，烟草这种神奇的植物一直紧密地和我们的生活联系在一起了。

　　烟草在植物学分类上属于茄科烟属，起源于中、南美洲。世界上最早吸食烟草的无疑是美洲大陆的印第安人。印第安人吸食烟草是源于他们的宗教活动之需，其时的人们，在祭祀时点燃烟草。燃烧的烟草能够散发出醉人的香气，能够提神解乏，甚至还有镇痛治病的功效。因此，很快印第安人就不再把吸食烟草仅仅作为宗教活动中所需的仪式，而在他们的日常生活中推广开来。

吸烟斗的印第安人

　　印第安人最初吸烟时是先在地面上挖一个坑，然后将烟草置于其中点燃，再用中空的管子来吸烟，这其实很像我们今天使用的烟斗的吸烟原理，我们不妨将其称之为"原始烟斗"。随着烟草不再局限于宗教活动，吸烟深入到了人们的

出土的印第安人陶质烟斗

日常生活，吸烟方式和烟具的简便成为人们追求的目标，于是，"原始烟斗"经过逐渐的演变，进化成现代意义上的烟斗，烟具的简便易操作又反过来刺激了烟草吸食的流行，于是，吸烟成为印第安人生活中不可或缺的一件事情，无论男女老幼都乐此不疲。

随着烟草传入欧洲，继而逐渐走向世界，吸烟的方式也在不断改变，人们根据各自的偏好，根据不同的需求，不断改良烟草品种，推出新的吸烟方式，嚼烟、鼻烟、卷烟、雪茄等众多吸烟方式相继出现了。时至今日，最普遍、最流行的吸烟方式则要属卷烟、雪茄和烟斗了。

卷烟是目前较普遍的一种吸烟方式，它不仅简便易行，而且价格低廉，是最大众的烟草消费形式；比起卷烟，雪茄更能体现烟草的醇厚，却因其价格昂贵，令许多人望而却步；而烟斗则介于卷烟和雪茄之间，它既有雪茄的醇厚美味，又有着比雪茄低廉的吸食成本。因此，尽管从操作上它是目前最繁复的一种吸烟方式，却经久不衰。

第二节　烟斗的起源和发展

烟斗究竟源于何时何地，一直以来都是众说纷纭，至今也没有一个公认的定论，许多欧洲学者认为尽管烟草是源自美洲，但烟斗却是欧洲人发明的，有人说是英国人沃尔特·佩利爵士在1500年发明了烟斗，更有甚者认为烟斗是远在欧洲人吸食烟草开始之前就已经出现了，最初是用来吸食某种草药的工具；不过，最通常的观点还是认为烟斗是起源于美洲大陆，是印第安人的发明，许多考古发现和文献记载也都印证了这种观点。

印第安首长以烟斗待客

当烟草和烟斗传入欧洲之后，吸烟最初还只是流行于上流社会，当时的王公贵胄们把吸烟当做一种时尚和身份的象征，而男权意识严重的中世纪，吸烟和烟斗几乎成为男性的"专利"，体现了一种高雅的男性魅力。

17世纪以烟斗为时尚的欧洲贵族

16世纪上半叶，烟斗开始在欧洲大陆流行，欧洲最初的烟斗是泥质的，造型简单，外表粗糙，后来人们在泥质烟斗的基础上发明了陶土烟斗。1660年英王复辟后，随着经济的发展，烟草使用更加普及，人们对于烟斗的要求也从最初的单纯使用功能转向了审美和实用相结合，英国的工匠们设计和生产出陶制的长烟斗（Churchwardens）。

最早的现代意义上的烟斗是陶土烟斗。陶土烟斗制作工艺简单，价格低廉，所以一经出现就获得了广泛的认可，受众甚广，但陶土烟斗也有着其自身无法规避的缺

古老的欧洲陶土烟斗

陷，做工依旧比较粗糙，造型单调，吸烟的功效也不尽如人意。

上流社会厌倦了陶土烟斗平凡的外表，为了能够显示他们高贵的身份和奢华的生活，贵族们在烟斗的材质和外观上做起了文章，所谓"上有好者，下必甚焉"，烟斗工匠们为了迎合上流社会的需要，开始绞尽脑汁设计和制造出更加奢华的烟斗，到了18世纪，银质、陶瓷、玉质和玛瑙等材质的烟斗陆续出现了，不过这些高档材料制作的烟斗价格昂贵，主要还是上流社会的玩物，普通民众望而却步，依旧使用陶土烟斗来吸烟。

随着吸烟风气的盛行，对烟斗的材质和吸烟品质的要求越来越高，工匠们开始把目光放得更远更广，实验着一切可以用来制作烟斗的材料，到了18世纪中叶，巴黎的烟斗工匠终于发明了海泡石烟斗。

海泡石是一种白色、质轻的矿石，在欧洲最初是被用来雕刻成装饰品使用的。18世纪中期，巴黎的工匠开始采用海泡石来制作烟斗，他们的作品雕工精湛，华丽高雅，一经面世就受到使用者们，尤其是上流社会的追捧。后来，海泡石烟斗传入了英国，经过工业革命洗礼后的英国工匠们采用了更加简便易行的加工技术，大大降低了海泡石烟斗的成本，使之成为一种美观和实用相结合的吸烟工具。

海泡石烟斗深受烟斗客们的欢迎，但因为对原料和制作工艺的要求较高，要想像陶土烟斗那样价格低廉到可以被广

海泡石烟斗

大下层民众所接受还是有一定的难度。因此，在石楠根烟斗出现之前，上流社会和中产阶级使用海泡石和瓷质烟斗，而下层百姓则依旧使用着他们的陶土烟斗。

　　1821年，一位法国海泡石烟斗制造商到科西嘉岛旅行，旅途中不慎把自己的海泡石烟斗弄坏了，这个吸烟成瘾的烟鬼在无奈之下，只能请人用当地出产的一种小乔木——石楠的根颈制作了一只烟斗，以解燃眉之急，他万万没想到，一项震惊世界，改变了几百年烟斗制作工艺和传统材料的发明就这样诞生了。石楠根烟斗质地坚硬，耐热，纹理漂亮，美观耐用，优点不一而足。这个精明的烟斗制造商大受启发，当即购买了一批石楠根，运往法国圣克劳德镇，请那里的木匠们帮他制作出了第一批石楠根烟斗。石楠根烟斗一经上市，立刻成为人们争先抢购的目标，迅速风靡法国乃至整个欧洲，而此前名不见经传的小镇圣克劳德（Saint Claude）也因此广为人知。

　　石楠根烟斗的出现是烟斗发展史上一个划时代的革命事件，石楠根烟斗以其外表的美观，内在良好的吸烟品质，以及相对低廉的价格，一经出现，就立刻在各个阶层的烟斗使用者中引起了强烈的反响，由此一发不可收拾，在其后将近两个世纪的时间里，风行世界，历久不衰。

矗立在法国圣克劳德城内的硕大的烟斗

烟斗常识

第一节 烟斗的材质

前面我们已经讲过，烟斗最初是源于印第安人祭祀时吸食烟草的"土坑"，当时的印第安人在地上挖置土坑，在坑中燃烧烟草，再用一根管子来吸食，这就是最早的烟斗雏形。随着吸烟成为印第安人生活中一件必不可缺的事情，他们也开始不断探索和革新吸烟的工具，摒弃了"土坑"这种原始的"烟斗"，采用植物的枝干，或者根茎制成吸烟的器具，在美国等地的考古发现中可以找到大量的印第安人使用过的用植物的枝干和根茎制成的"烟斗"，这些烟斗的结构和我们现在使用的烟斗几乎完全一样。随着烟斗使用的普及，先后出现过动物骨和角、石灰石、玻璃、陶、瓷、铁、铜、金、银、海泡石以及各种各样的木材制造的烟斗。

欧洲最初的烟斗是用泥土做成的，后来发展为陶土烟斗，随后出现了陶制的长烟斗（Churchwardens），18世纪又出现了银质、陶瓷、玉质、玛瑙等材料的烟斗，18世纪中期，海泡石烟斗诞生了，到了1821年，法国人率先以石楠根制作烟斗。

现今世界上的烟斗以制作材质来划分的话，最主要的有石楠根、海泡石和玉米芯。石楠根烟斗占全世界烟斗的90%以上，其次是海泡石烟斗，至于其他材质的烟斗因为产量和使用量太小，则显得有些微不足道了。因此，在本书其后的章节中，我们所讲述的内容也主要以石楠根和海泡石烟斗为主。

一、石楠根

石楠，英文名称为"Briar"，是一种多年生乔木，生长速度非常缓慢，因此根茎的质地细密坚硬，地中海沿岸是其主要产地。目前世界上主要的石楠根出产国有法国、意大利、希腊、阿尔及利亚、摩洛哥等，其中希腊是目前最大的石楠根出口国。

石楠

石楠根

石楠的根茎以其质地细密，纹理艳丽，透气散热，阻燃力强等特点成为制作烟斗的首选材料。

制作烟斗所选用的石楠根起码要有15年以上的树龄，树龄高的根瘤，木质紧，颜色深，木纹艳丽，质地细密、多孔、分量轻、散热性和透气性强，做出的烟斗不仅美观耐用，而且吸烟品质更高。石楠根的生长极为缓慢，因此产量自然相对较低，加上不断地开采，现在优质的石楠根瘤越来越稀少，高龄的老根已是可遇不可求了，目前一般用来制作烟斗的石楠根都是15年左右树龄的根瘤了，只有那些名厂名家制作的上品和极品烟斗才可能选用那些稀缺的老根，而其价格自然不菲。

二、海泡石

"Meerschaum"（海泡石）一词来自德语，意思是"海的泡沫"，因而得名"海泡石"。

在石楠根烟斗出现之前，海泡石是世界上使用最广泛、最受欢迎的烟斗制作材料，目前海泡石烟斗依旧是世界上主要的烟斗品种。土耳其中部的一个地方

海泡石原石

是世界上最优质的海泡石产区。

海泡石是一种多孔矿物质，主要成分为含水硅酸镁（Magnesium Silica），是数百万年前海洋微生物的躯壳沉积石化而成的。海泡石质轻，散热性好，而且由于石质细腻、柔软，易于雕刻。海泡石烟斗经过长时间的反复使用，烟油沁入其中，质地会渐渐变成黄色或者褐色，发出迷人的光泽，令人爱不释手。

三、其他材料

1. 玉米芯

根据考古发现，印第安人在1300多年前已经开始以玉米芯为原料制作烟斗了。玉米芯烟斗质轻，散热性和透气性强，口感清甜，吸烟感受独特，最大的缺点是抗热性差，斗钵烧焦后的异味会极大地破坏吸烟品质，所以玉米芯斗不能较长时间地使用，要适时更换才行。

玉米斗

2. 橄榄木、樱桃木、檀木和葫芦

在南欧的许多国家，人们会选用橄榄木和樱桃木制作烟斗，这两种木材的色泽和纹理漂亮，质地

Tom Spanu的橄榄木烟斗

葫芦烟斗

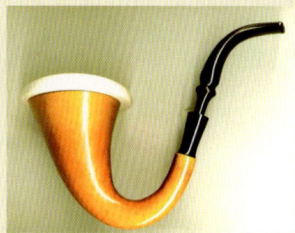

内钵为海泡石的葫芦烟斗

细密，是目前除去石楠根之外较好的木质材料。

在欧洲和非洲，葫芦材质的烟斗并不稀罕，葫芦质轻，耐用，阻燃性好，做出的烟斗经过长期使用，烟油滋润后发出红润的光泽。

近年来，许多烟斗制作工匠尝试以各种红木，尤其是檀木作为原料制作烟斗，这种烟斗色泽和纹理漂亮，阻燃性高，但木质过于沉重和坚固，不便于加工制作，叼在嘴上负担过重，影响吸烟。

3. 海柳

海柳是中国民间制作烟斗的上等材料，最初多是用来制作烟嘴，近年来人们开始用它制作烟斗。

海柳的样子很像植物，但它却是

生长在海底的海柳

海柳烟斗

一种海洋生物，属于腔肠科，学名黑珊瑚，质地坚硬，素有"铁木"之称。海柳具有药用价值，因此以其为原料制作的烟斗在吸烟时可以给人清爽的感觉，不燥不火，清肺止咳。

4. 麻栎

麻栎是一种落叶乔木，其根瘤俗称"麻栎疙瘩"，中国民间用其制作烟斗。麻栎疙瘩制作的烟斗坚固耐用，花纹漂亮，阻燃性强，缺点是木质太过坚硬，不利于加工，而且烟斗沉重，不便衔于口中。

麻栎烟斗

5. 陶土、陶瓷、玻璃、牛角、兽骨和金石材料

世界是多元化的，任何事物都不可能整齐划一，尽管石楠根烟斗是烟斗界不争的主导，但其他材质的烟斗以其各自的特点，还是或多或少地拥有着自己的拥趸。比如曾经风靡欧洲几个世纪的陶土和陶瓷烟斗，至今在欧美还有不少烟斗客在使用，而在许多国家，牛角、兽骨制作的烟斗也是常见的，至于金属和玉石之类的烟斗，也有人偏好，

牛角烟斗

古董银烟斗

不过这些非主流烟斗毕竟受众较少，在此我们就不一一赘述了。

第二节 烟斗的构造、造型和规格

一、烟斗的构造

一般来说，无论何种材质的烟斗，其构造都是基本相同的，无外乎是由以下几个部分所组成：

斗钵壁（Bowl）——钵的外壳。

斗钵（Tobacco Chamber/Pot）——放和燃烧烟草的容器。

斗柄（Shank）——斗钵相连，烟气从中通过。

榫（Tenon）——口柄和斗柄能够镶嵌连接的凸榫。

榫眼（Mortise）——插入其中，使口柄与斗柄相连接。

口柄（Stem）——连接斗柄，可拆卸，便于烟斗的清洁。

烟嘴（Mouth Piece/Bit）——口唇接触，用来吸烟的部分。

嘴沿（Lip）——烟嘴的顶端凸起的部分，起防止烟斗从唇齿间滑落的作用。

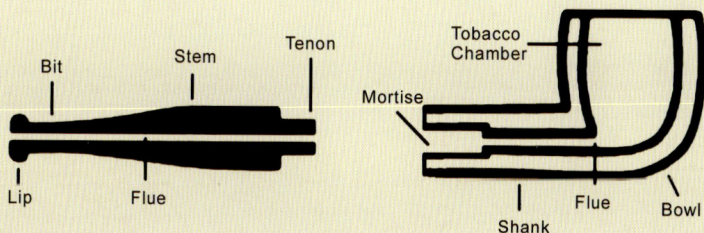

烟斗的构造

烟斗把玩与鉴赏

烟道（Flue）——烟经此由斗钵进入口柄。

上面所说的烟斗的构造涵盖了当今世界上绝大多数的烟斗，但"系统烟斗"除外。

什么是"系统烟斗"呢？吸烟者在使用烟斗吸烟时，由于烟气的温度过高，舌头会有灼烧、刺痛，或是麻辣的感觉，为了消除这一弊病，人们把烟斗做了改良，改良了烟道，以便最大限度地降低烟气的温度和湿度，还具有过滤焦油的功能，这种经过特殊设计的烟斗就是

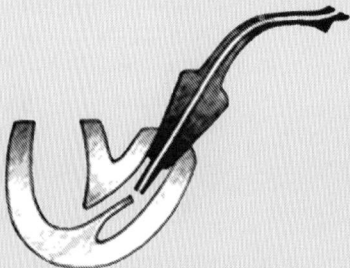

Peterson系统烟斗的构造

"系统烟斗"（System Pipes）。世界上最著名的"系统烟斗"是爱尔兰的著名烟斗品牌Peterson的系统烟斗。

二、烟斗的造型

最初的烟斗只是作为一种简单的吸烟工具而出现的，随着烟斗不断的发展，烟斗被赋予了越来越多的审美内涵，其造型的内涵也就显得越来越重要了。

一般来说，烟斗的造型是根据斗柄的形状而划分为两大类，即直斗和弯斗。不过，在烟斗造型的演变和发展过程中，在这两大类的基础上，又演化出三十多种主流的造型。随着时代的发展，人们审美意识的不断改变，烟斗的造型还在不断地演化和进一步地发展，许多新颖别致的造型层出不穷。

常见的传统造型：

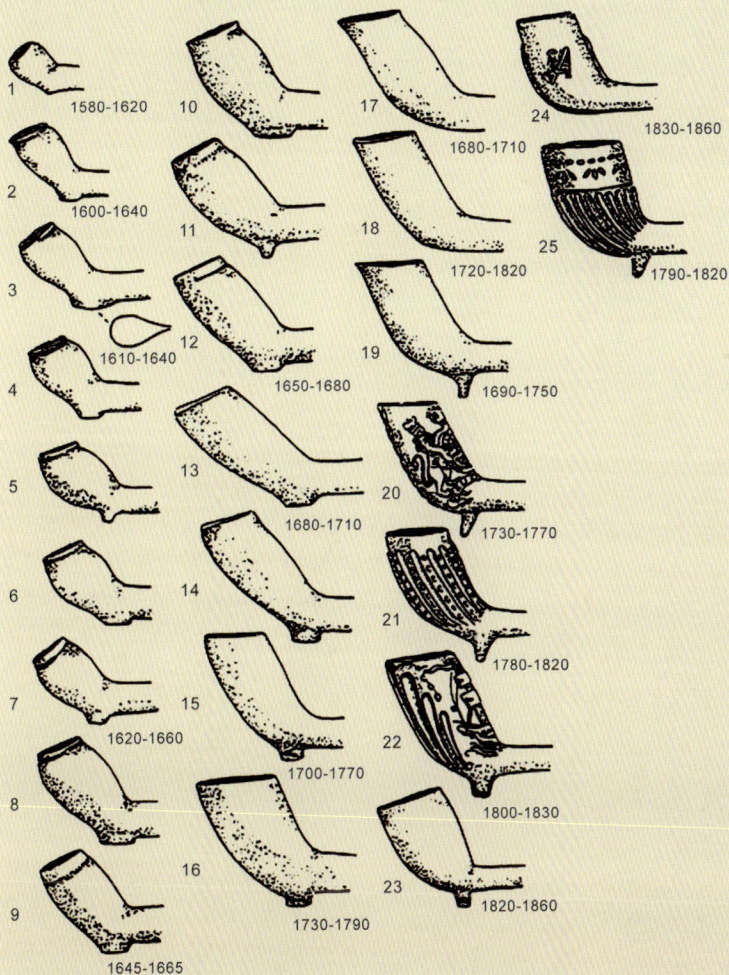

1　1580-1620

2　1600-1640

3

4　1610-1640

5

6

7　1620-1660

8

9　1645-1665

10

11

12　1650-1680

13　1680-1710

14

15　1700-1770

16　1730-1790

17

18　1680-1710

19　1720-1820

20　1690-1750

21　1730-1770

22　1780-1820

23　1800-1830

23　1820-1860

24　1830-1860

25　1790-1820

自由式烟斗（Freehand）：

在历史上，烟斗最著名的生产国多集中于西、南欧，如法国、英国和意大利等，到了 20 世纪 50 年代，北欧的一些国家，如丹麦、瑞典的烟斗制造业逐渐兴盛，大有后来居上的意味。由于文化和审美的不同，使北欧的工匠们走出了一条不同以往的路子，在借鉴前人的设计和工艺的基础上，大胆创新，设计制作出了崭新造型的自由式烟斗。粗犷奔放的自由式烟斗形成了独特的烟斗造型风格。

三、烟斗的规格

Apple

Apple bent

Billiard bent

Blowfish

Calabash

Billiard

Bulldog bent

Cherrywood

Cavalier

Canadian

Hawkbill

Egg

Bulldog

Churchwarden

Dublin

Horn

Cutty

Duke

Liverpool

Pear

Poker

Oom Paul

Lumberman

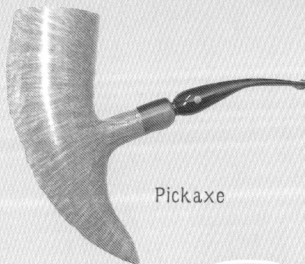

Pickaxe

Lovat

Pot

Prince

Rhodesian

Volcano

Zulu

烟斗的规格不同于烟斗的大小，通常来说，烟斗的大小是指烟斗外形的尺寸，而烟斗的规格则是指烟斗斗钵容量的大小。根据斗钵装填烟草的分量的多少，烟斗可分为大型、中型和小型三种规格。烟斗

Freehand

的规格对于使用烟斗吸烟者来说是很重要的，不同的性别和年龄，不同的吸烟场合和吸烟习惯，吸食不同的烟草等等都会成为使用不同规格烟斗的考量。

第三节 烟嘴的材质、造型和开孔

一、烟嘴的材质

烟斗是由斗钵和烟嘴两部分组成的，烟嘴的优劣对于烟斗的实用性和审美性都是很重要的。在烟斗初传之时，烟嘴通常是采用植物的

秸秆，如苇管、麦秆制成的，随着烟斗传入欧洲，烟嘴的材质也不断在发展变化，最初的泥质和陶土、陶瓷的烟嘴是与斗钵连成一体的，材料自然相同；金属和石质、角质、骨质的烟斗也大致如此，及至海泡石和石楠根烟斗

规格不一的烟斗

出现之后，人们便开始选用不同的材质制作烟嘴，目前世界上通用的制作烟嘴的材料通常有两种：

硫化硬胶烟嘴

硫化硬胶（Vulcanite）烟嘴

这种材料制作的烟嘴质地较软，叼在嘴里比较舒适。

丙烯酸合成树脂（Lucite/Acrylic）烟嘴

丙烯酸合成树脂烟嘴

这种材料制成的烟嘴质地坚硬，经久耐用，不易氧化变色，但制作成本相对较高，一般仅用于高档烟斗。

二、烟嘴的造型

烟斗有许多种造型，相比之下，烟嘴的造型就相对简单得多了，目前世界上主要的烟嘴造型无非是收尖型（Taper）、鞍型(Saddle)和热插拔型（Army Bit）三种，此外还有一种Peterson系统斗特有的"P"烟嘴。

收尖型

热插拔型

P嘴

鞍型

三、烟嘴的开孔

烟嘴上用于吸烟的开孔主要也分为两种：阔平孔和圆孔。

除去上述两种开孔，还有一种叫做"孪生孔"（Twin－Bore）的特殊开孔，所谓孪生，就是在烟嘴顶端先开出一个不透气的阔平孔，再在阔平孔中央开一个通透的圆孔，但这只是一种形式上的变化，就功用而言，还是"圆孔"。

闷平孔　　　　　　圆孔　　　　　　孪生孔

第四节　滤芯的种类和规格

一、滤芯的种类

烟斗中的滤芯最初的功用是用来防止烟草吸入口中和吸收烟道中的水分的，所以，最初只有铁质、木质和纸质三种；近年来，吸烟有害于健康的观念越来越深入人心。于是，许多烟斗制造商也顺应潮流，推出了活性炭滤芯，以其降低吸烟者对焦油和尼古丁的摄入。

二、滤芯的规格

滤芯的规格是根据烟嘴内径的大小而定的，通常有 3mm、6mm 和 9mm 三种规格。3mm 的一般用来吸食味道浓厚强烈的原味烟草；6mm 的味道较淡；9mm 的味道更淡。3mm 的多是采用铁质或纸质滤芯，主要是防止吸入烟草；6mm 和 9mm 的滤芯则有纸、木滤嘴和活性炭三种。

第五节　手工斗、半手工斗和机制斗

烟斗以其制作方式划分，可以分为手工斗（Hand-Made）、机制斗（Machine-Made）和半手工斗三种。

像世界上大多数器具一样，烟斗最初当然全都是手工制作的，但是随着现代工业的发展，机械被制造业广泛运用，烟斗也未能幸免，机制烟斗也就随之产生了。

木质滤芯

传统意义上的手工烟斗的制作只采用必要的简单的手工工具，不借助任何的机械，尤其是电动机械，在这种工艺下生产出来的烟斗，充满了人性化和个性特征，但是，随着人工成本的日益昂贵，特别是手工匠人的日渐式微，手工烟斗越来越变得稀缺和昂贵了，并不是所有烟斗客都可以承受得了的，而相反，批量生产的机制斗，以其相对低廉的价格冲击着市场，也冲击着人们使用烟斗的观念，逐渐成为烟斗消费的主流，而价格昂贵的手工斗则渐渐失去了实用的功效，转而成为收藏的对象。

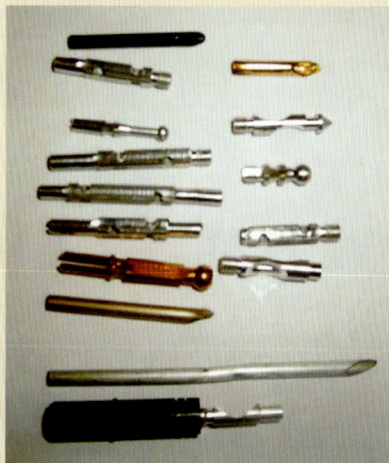

金属滤芯

如果仅从烟斗实用性来讲，手工斗并没有什么特别的地方，甚至还比不上经过缜密

Tom Eltang 的手工斗

设计的机制斗，但从收藏角度和审美价值来考量的话，手工斗，特别是那些名家大师们制作的烟斗，就不是机制烟斗可以比拟的了。

除了手工斗和机制斗，还有一种采用了机制和手工相结合而制作出来的烟斗，通常被称为半手工斗或者准手工斗，这种烟斗的斗钵一般是经过机械加工成型，而其他细部则辅以手工雕琢完成，通常是一些名家名厂的中档产品。

目前世界上，机制斗占据着绝对的主导地位，高端的手工斗更多成为烟斗收藏家们的藏品，而半手工斗则起着拾遗补阙的作用。

国人熟知的 Big Ben 是典型的机制斗

第一节　选购的前提

　　烟斗最初传入中国是在明代，但仅仅集中在沿海的一些地区，且受众稀少；及至晚清，洋务运动和殖民入侵，烟斗也逐渐成为中国人吸食烟草的主要形式。近年来，烟斗更是以其特有的魅力，愈来愈受到广大消费者，尤其是知识阶层和白领一族的喜爱，烟斗客的队伍日益壮大，而如何选购烟斗也就成了烟斗爱好者们的必修课了。

　　如何才能选购到一把称心如意的烟斗呢，这里面还是颇有学问的，可不单单是你要有足够的银两那么简单，下面我们就来谈谈选购烟斗的一些基本前提。

一、挑选自己喜欢的烟斗

烟斗是你的私人使用或者收藏的，只有自己喜欢才是最重要的。

二、挑选适合自己脸形的烟斗

除非你买烟斗是单纯为了收藏，否则你一定要根据自己的脸形来购买烟斗，一般来说，瘦小的脸形，不能配过大的烟斗，而一个圆头大脸的人，衔着一只细巧的烟斗也多少让人觉得滑稽。

三、挑选吸烟品质好的烟斗

通常直斗或者弯曲度小于45度的烟斗吸烟会比较顺畅，也不易产生积水。

四、挑选规格适中的烟斗

过大和过重的烟斗无论是对于吸烟品质，还是唇齿的负担来说，都不是件好事。

五、挑选适合自己年龄和身份的烟斗

按照西方人的说法，年轻人用直斗，充满朝气、锐气；中老年人用弯斗，成熟、内敛；喷砂和乡土型的烟斗，活泼，富于个性，更适合年轻人；光面斗，端庄，内敛，中老年人更应该选择。

六、充分考虑使用烟斗的场合和服饰搭配

真正的烟斗客通常应该有5只以上的烟斗，不同的场合和服饰搭配不同造型和颜色的烟斗，所以在选购烟斗时就要充分考虑到这只烟斗是在何种场合，穿着何种服饰时使用，以期做到烟斗与场合、服饰形成最佳的搭配，比如在正式的场合，搭配正装使用，传统斗形的光面斗最佳；在非正式场合，可选用喷砂或者乡土型饰面，或者自由式造型的烟斗；阅读和伏案工作时，分量较轻的海泡石烟斗或者传教士烟斗最好；户外活动，或者公众场合，选用如玉米斗之类的不易受损，价格低廉的烟斗；比较私密安全的空间里，适合享受海泡石烟斗，绝不用担心你的爱斗受到什么损伤。

七、烟斗的色调和季节的协调

春夏之际，阳光明媚，亮色是世界的基调，可以选用色调较浅的烟斗；而秋冬时，万木萧条，色调晦暗，一只深色调的烟斗更显和谐。

第二节　石楠根烟斗的选购

石楠根烟斗是目前世界上最主流的烟斗品种，占到全世界烟斗的90%以上。所以，当烟斗客和烟斗收藏者们在选购烟斗时几乎不可避免要接触到石楠根烟斗。那么，如何才能选购到一只称心如意的石楠根烟斗呢？在这里我想谈谈自己多年来购买和收藏石楠根烟斗的一些经验和体会，希望对斗友们有所帮助。

一、挑选中意的风格烟斗

不同国家和民族，不同的时代，都有其独特的审美眼光和情趣，这一点反映在烟斗的风格上

老派的Dunhill

尤为突出，比如传统的英国烟斗绅
士风味十足，而现在北欧烟斗狂放
不羁，意大利烟斗秀丽典雅等等。
所以，在选择烟斗时，一定要根据
自己的喜好，尤其是考虑到自己的
身份、年龄、着装风格和吸烟习惯
等等，只有经过全面通体的考量，
才会做出明智的选择。

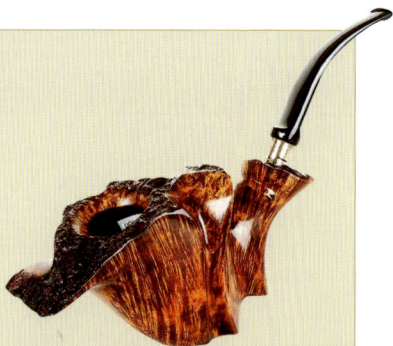

热情奔放的Poul Winslow

二、寻找死根和瘤心

有经验的斗友在选购石楠根烟斗的时候，通常会优先考虑那些用
"死根"和"瘤心"制成的烟斗，因为通常来说，这样材料木质细密坚
硬，有良好的透气性和阻燃性，更适合制作烟斗。

制作石楠根烟斗至少需要15年以上的石楠根，这样的根瘤才能长
到适合制作烟斗的尺寸，制作烟斗的木质的细密和纹理的漂亮是和石
楠根的树龄分不开的。所以，树龄
愈老愈好。石楠根自然死亡后残留
在地下的根瘤，通常叫做"死根"，
这种死根在地下经过自然的老熟过
程，用来制作烟斗是最好的材料。

一块较大的石楠根瘤可以制作
多只烟斗，但其最好的部分"瘤

刨开瘤心

心"，也就是石楠根根瘤中心的部分，才称得上是精品，通常都是用来制作最顶级的手工烟斗的。

三、选择漂亮的木纹

高品质的石楠根烟斗，除了必须材质细密坚硬外，漂亮的木纹也是至关重要的，石楠根烟斗之所以一经问世就深受人们的喜爱，是与它的艳丽清晰的纹理分不开的，烟斗的木纹的优劣对于烟斗的使用效果没有直接影响，但对于烟斗的价值、档次和美观却是至关重要的。

常见的石楠根烟斗的木纹主要有三种：

①"直纹"（Straight Grain）——常又称"火焰纹"（Flame Grain），这种纹路从烟斗斗钵的底部向上垂直分布，很像升腾的火焰，在石楠根烟斗中，具有这样纹路的最为珍贵，目前市面上上好的直纹烟斗多是极高端的产品。

②"鸟眼纹"（Bird's Eye）——称"雀眼纹"，木纹呈螺旋状的环形，这种木纹是直纹的横截断面，看上去就像鸟的眼睛，漂亮雀眼

直纹　　　　　　鸟眼纹　　　　　　不规则纹

纹烟斗也很动人，是仅次于直纹的品级。

③"不规则纹"——是最差的一种，斗钵上直纹和雀眼纹交错显现，木纹不对称，无规则，通常这样木纹的烟斗都是低端的产品。

四、烟斗外形的选择

烟斗的外形不仅关系到烟斗的美观，还直接影响到它的吸烟品质。在审视一只烟斗的外形时，首先要察看烟嘴和斗柄连接处是否平整密合，是否存在缝隙，不密合和有缝隙的烟斗吸烟时会漏气，用这样的烟斗吸烟不仅会浪费烟草，还会加重嘴巴和肺部

几乎无可挑剔
的Castello

的负担，同时烟斗外形的美观也会受到影响；其次是要检视斗钵内、外壁，挑选那些钵壁均匀且较厚的烟斗，用这样的烟斗吸烟时不会因为钵壁的厚薄不均而导致斗钵烧穿或烧裂，钵壁厚的烟斗吸烟时不会因斗钵过热而烫手。

五、烟斗饰面的选择

烟斗的饰面（Finish）通常有光面、喷砂和乡土三种类型。

"光面型"（Smooth Finish）——面光滑，不做任何的修饰，直观地展现石楠根自然的木纹。

"喷砂型"（Sand Blasted Finish）——斗的

光面型

喷砂型

表面通过机械喷砂处理，去除了木质较软的部分，在烟斗表面形成粗糙的麻面效果。

"乡土型"（Rusticated Finish）——加工时，用手工工具将烟斗表面雕凿得凹凸不平，与喷砂型相比更加粗糙一些。

乡土型

除去以上三种基本饰面以外，还有一种介乎乡土和光面型之间的饰面，烟斗表面一部分是乡土型饰面，其余部分则是光面的。

选购烟斗的时候，可以根据个人的喜好，挑选适合自己和自己喜欢的饰面的烟斗。不过，通常从用料来说，光面的烟斗一般是选用上乘的石楠根，而喷砂和乡土型的多半是因石楠根材料的纹理有缺陷和瑕疵，才加以雕琢掩饰的，同样品牌和型号的烟斗，一定是光面型较之后两种价值和价格要高，不过，喷砂型和乡土型烟斗也有其自身的特点，比如散热性好，手握时不易滑落等等。

六、辨认"砂眼"和"补土"

石楠根是天然的材质，因此难免会有一些瑕疵，为了弥补和掩盖那些烟斗表面的瑕疵，制造者们往往采取了一些补救措施，但这样的烟斗就很难称得上是精品了。经验不足的烟斗客们往往会在购买时忽略了这些细小的瑕疵，给自己带来不必要的损失和遗憾。

"砂眼"就是石楠根烟斗表面上的略微凹陷的小黑点，通常是在石楠根生长时形成的，也有少量是在运输和生产过程中造成的。烟斗表面的"砂眼"会影响烟斗的美感，就如同白璧上的黑瑕。遇到石楠根烟斗表面有较大的砂眼或者其他瑕疵的时候，烟斗制作者们通常会采用用油灰加以填充和修补，这便是我们常说的烟斗的"补土"。补土可以掩盖烟斗表面的瑕疵，但它始终是一个隐患，在烟斗使用过程中，斗钵的冷热和湿度的变化，往往会导致补土脱落，露出先前被掩盖的瑕疵，使得烟斗外观留下残缺。所以，在选购烟斗时一定要格外注意，尽可能地避免买到有砂眼和补土的烟斗。

　　没有经过处理的"砂眼"很容易发现，而要找出"补土"，尤其是那些高明的"补土"就不容易了，这需要足够的细心和一定的经验。一般来说，烟斗表面的木纹通常比较清晰自然，如果某处的木纹忽然消失或者是没有道理的模糊不清，那十有八九此处是经过"补土"处理的，就要格外小心了，不是万不得已，不要购买这样的烟斗。当然，作为天然材质的石楠根，很少会有十全十美的，木质上的瑕疵也很难做到完全避免，尤其是那些中低档的烟斗，几乎不可能没有砂眼和补土，只是我们在选购时要尽量挑选那些砂眼和补土较少，较小的烟斗，抑或是在经济条件允许的前提下，尽量购买一些高端的烟斗。

　　砂眼和补土对于吸烟品质一般没有什么影响，影响的只是烟斗的外

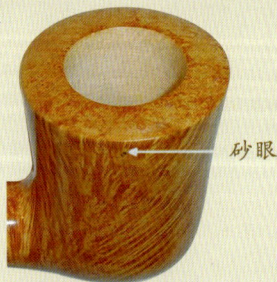

砂眼

观。所以，倘若作为日常使用，这样的烟斗只要性价比较高，还是可以购买的，但如果作为收藏，那就另当别论了。

七、内钵的形状

斗钵的内部称为"内钵"，内钵的形状是保证吸烟品质的关键所在。

内钵的造型一般分为两种："U"形和"V"形。通常"U"形内钵的烟斗比较好用，吸烟的顺爽程度较高。如果你所购买的烟斗是用来吸烟而不是单纯收藏的，建议还是选购"U"形内钵的烟斗为好。

U形斗钵

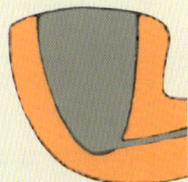

V形斗钵

八、尽量不要购买"漆斗"

一些初级烟斗客在踏入烟斗店时，会被那些表面光滑细腻，鲜亮无比的烟斗所吸引，以为这样的烟斗才是上乘的，殊不知自己走进了误区，被"漆斗"蒙蔽了。

有些烟斗的表面经过喷漆或者烤漆处理，看上去光亮非常，色泽诱人，这种烟斗被称作"漆斗"。漆斗通常都是些品质较差的烟斗，试想，石楠根原本具有漂亮的木纹，如果不是表面有

漆斗

什么问题，那么以油漆覆盖着漂亮的纹理，岂不是多此一举？漆斗的弊端还不仅在于它的材质的缺憾，在使用时也存在着较为严重的问题，吸烟时，斗钵温度升高，斗钵表面的漆会受热起泡，甚至出现脱落，烟斗外表变得斑驳陆离，而且因为木质的毛孔被油漆堵塞，影响了斗的透亮性，还会产生烫手的现象，再有就是"漆斗"自身那种挥之不去的油漆味，一定会影响烟草的真香。所以，在选购烟斗的时候，切忌购买"漆斗"。

九、烟嘴材质的选择

烟嘴的优劣直接关系到吸烟质量的好坏，在购买烟斗时，一定要检视烟嘴是否足够的通畅，开口的位置和形状是否合理，以免在吸烟时大费气力。

十、滤芯的考量

有些烟斗是带滤芯的，选购这样的烟斗时，要考虑到自己的吸烟习惯和吸食的烟草品种，通常吸食"劲道"大的烟草选用3mm的滤芯的烟斗，而较淡的烟草宜选用6mm或者9mm的滤芯。

十一、量入为出考量价格

像大多数商品一样，烟斗也讲究"名牌效应"，名厂名家的作品在风格和质地上通常会有较高的保障，但价格自然也就不菲了，比如Dunhill最贵的一只烟斗价格甚至达到了15万英镑。

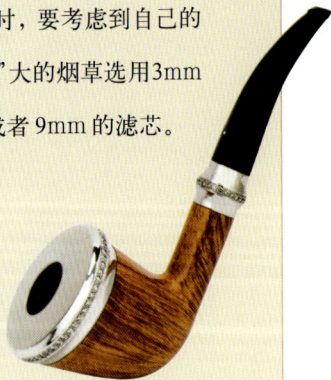

价值15万英镑的dunhill白金嵌钻石烟斗

手工烟斗和机制烟斗在价格方面的差异有时让人难以想象，这是考量烟斗价格的一个非常重要的方面，如果要购买一只日常吸烟用的烟斗，我们通常可以考虑那些吸烟品质上佳，非顶级品牌的手工烟斗或者机制斗，而没有必要多花上一倍，甚至几倍的代价去购买名牌烟斗，但如果作为收藏的藏品，或者是保值投资，那么名家名厂的产品，特别是手工烟斗，则是不二的选择了。

第三节 海泡石烟斗的选购

在众多烟斗品种中，除去石楠根烟斗，就要数海泡石烟斗了。

近几年，海泡石烟斗越来越受到国内烟斗客们的追捧，许多人都以能拥有一只海泡石烟斗而感到自豪。在选购海泡石烟斗时，除去与石楠根烟斗的一些共通之处以外，还要特别注意以下的几个方面。

一、分辨海泡石的真伪

海泡石石粉

海泡石是一种天然矿物质，世界范围内的存量稀少，目前用来制作烟斗的海泡石大多出产于土耳其的 Eskisekir 地区。近年来，随着土耳其政府严格限制海泡石原石的出口，一些人便打起了假冒材料的主意，采用诸如石粉压模石，合成聚合物以及树脂制造的产品仿制海泡石，蒙骗消费者。

有些仿冒海泡石几乎能以假乱真，选购时一定要特别注意，否则稍有疏忽就会上当受骗。购买海泡石烟斗的时候，一定要把握"重量的鉴别"的原则，通常用天然海泡石比人造海泡石或粉末压制的海泡石要重得多，那些拿在手里轻飘飘的海泡石烟斗多半会是假冒伪劣产品。

二、检视烟斗的雕刻工艺

海泡石质地柔软，适合雕刻，所以通常的海泡石烟斗表面都会被雕刻上各种造型，杰出的海泡石烟斗工匠都有着上佳的雕刻技艺，一只雕刻精美的海泡石烟斗通常不会选用那些假冒伪劣的材料，试想，有谁愿意在一块劣质的材料上下那么大的功夫呢？而对那些雕工粗糙的烟斗，就要格外小心了，这多半会是一些假冒产品，即使不然，那粗鄙的雕刻也只会使你的烟斗失色，进而失去收藏和欣赏的价值，也就不值得购买了。

雕工细腻的海泡石烟斗

肆 烟斗技巧

使用烟斗吸烟有其特有的方法和技巧，以下是一些使用烟斗吸烟的基本方法和技巧。

第一节 开斗

一、开斗

开斗是指在使用新的石楠根烟斗吸烟之前，对新斗所做的一些必要和必须的处理，只有经过这样处理过的烟斗，才能更好地使用，达到最佳的吸烟效果。

一只没有使用过的石楠根烟斗，其内钵的斗壁是裸露的木质，用来吸烟时难免有木头的味道，影响吸烟的品质，也会烧损斗钵的内壁，甚至将烟斗烧穿，开斗就是为了最大限度地避免上述现象。经过开斗的烟斗，

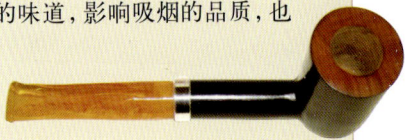

尚未开斗的新斗

在斗钵内壁上积累起一层烟草，燃烧时产生的炭和焦油等混合而成的"炭饼"，可以阻隔烟草燃烧时产生的高温，防止烧穿斗壁，还可以把新斗内残留的树脂、树胶、涂料、油漆等异味清除掉，达到最佳的吸烟品质。此外，斗钵内的"炭饼"还可以起到隔热的作用，在使用烟斗时，避免了斗钵过热而造成的"烫手"。

有些烟斗制造厂商会在生产石楠根烟斗时，在斗钵内预先涂上一层替代"炭饼"的"预炭层"，省去烟斗客们开斗的麻烦，但一些高品质的烟斗，尤其是高端的手工烟斗，则极少会有这种"预炭层"；而有

带"预炭层"的新斗

些材质的烟斗，比如海泡石烟斗，则不需要开斗。

二、开斗的方法

方法一：在斗壁和底部涂上薄薄的一层蜂蜜，完全风干之后，在斗钵内装入 1/5 的烟草，慢慢吸完后，将烟斗放置 24 小时以上，去除烟灰和残渣，重新装入烟草，这

养出"炭饼"的烟斗

次的烟草量比第一次稍微增加一些，吸完后依旧如前处置，如此反复 5～7 次，便按照正常的分量装填烟草，再经过这样 5～7 次的使用，烟斗内壁上就会出现一层薄薄的"炭饼"，开斗便算是大功告成了。

方法二：在斗钵内壁和底部涂上一层白兰地，完全风干后，装入正常分量的烟草，以均匀的慢速吸烟，经过 5～6 次这样的操作，开斗就完成了。这种方法相对难度较高，对于吸烟速度的掌控要恰到好处，通常只适用于那些熟练的烟斗客。

第二节　烟草的装填方法

用烟斗吸烟时，装填烟草可是大有学问的，烟草装填得当与否，直接关系到吸烟的顺不顺畅和吸烟品质的好坏。

烟草在装入斗钵之前需要用手轻轻揉搓，以使在加工、调配和包装、运输时粘连、板结在一起的烟草变得条索分离，疏松易燃。标注了"Pre-rubbed"（手工揉制）字样的烟草可以免去这道程序。

揉烟草

最常用的装填烟草方法：

　　方法一：多层法

　　将少许烟丝装进斗钵，用压棒均匀压平，而后再加入1层烟丝，再次压平，反复多次，直至烟丝完全装满，通常分层要达到6层以上，烟草的层次越多、越薄，吸烟时烟草燃烧的效果就越好。

　　方法二：三层法

装填烟草

第一层，将烟草装进斗钵，直到与钵面齐平，然后用拇指轻轻压紧，力度是所谓"孩子的手劲"，将烟草压为半钵；第二层，在空余出来的空间内继续装填烟草至与斗口平，适当加大压实的力度，如同"女人的手劲"，将烟草压至斗钵的2/3左右；第三层，再次装满烟草后，较前次更加用力，以"男人的手劲" 压实烟草，经过这次斗钵中的烟草已经达到八九分满了，三层装填也就完成了。

第一层

第二层

第三层

三层法

方法三：小球法

小球法

将少量烟草装入斗内，使之达到斗钵容量的1/4左右，均匀铺于斗钵的底部，然后再将适量烟草捏成一只比较坚实的，与斗钵内径大小相似的小球，装填到斗钵内，轻轻压实即可。

方法四：小山法

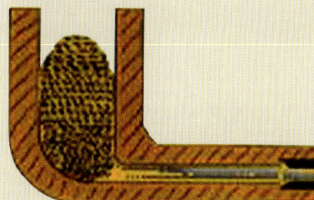

小山法

将烟草装入斗钵内，至八成满，压实，使烟草的密实度适中，再用压棒以45°角插入斗钵，由外向内压紧烟草，使钵内的烟草呈山丘状，吸烟时还要不断用压棒压紧"小山"周围的烟草,使之集中于斗钵中央燃烧。

第三节 点火和吸烟

使用烟斗吸烟时,点火也是一个很关键的步骤。与香烟和雪茄相比,烟斗的点火,实在不是一个简单的事情。

用烟斗吸烟时,点火时要让火源在烟草表面来回反复旋转,这样可以保证斗钵表面的烟草完全被燃烧均匀,这一动作需要重复五六次才可以完全将表层的烟草点燃,点火时尽量不要让火焰触及斗钵口,以免破坏烟斗外观;表层烟草点燃之后,原本已压平的烟草会因受热而变得蓬松涨高,吸烟者以较快的频率吸烟,使烟草充分燃烧,这时才可以熄灭火源,同时暂时停止吸烟;经过最初火热的燃烧之后,斗钵内的燃烧的烟草逐渐黯然下来,吸烟者也已调理好自己的呼吸,便可以开始以正常的节奏和力度来吸烟了,边吸烟边用压棒压实膨胀的烟草,但切忌用力过大,将烟火压灭,经过再次压实的烟草会以正常适度的速度燃烧,

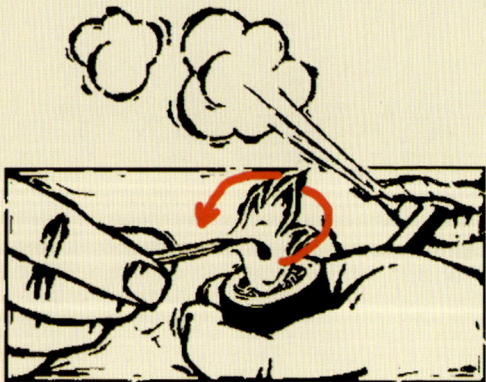

点火

烟斗客们也就可以惬意地吞云吐雾了。

点火完成了，开始享受吸烟的乐趣和体会烟草的真香了，别急，用烟斗吸烟的学问还大着哪！

吸烟时，吸烟者的唇齿要很好地配合，一般来说，除非万不得已，不要把烟斗咬在齿间，或者"叼"在嘴里，要用唇齿轻含烟嘴，不能用力死咬。吸烟时要做到自然地呼吸吐纳。斗钵内的烟草经过一段时间的燃烧，会形成一层烟灰，必须用压棒轻轻压平它，使下面的烟草保持密实状态；当烟灰的厚度达到了一定程度时，会影响下面的烟草的燃烧，必须将烟灰用剔棒剔松，然后将烟斗倾斜，轻轻抖出，或者是用小勺把烟灰挖出来，然后再用压棒将斗钵内剩下的烟草压平，继续吸烟。

用烟斗吸烟讲究 "冷火慢吸"，吸烟时，尽量放慢吸烟的速度，不使斗钵的温度过高，让烟草在斗钵中缓慢燃烧，更好地品味烟草的真香。

使用烟斗吸烟时，如果速度过快，力度过大，不仅会使吸烟者嘴部、脸颊和肺部疲劳不适，而且会让烟斗发烫，因此除去"冷火慢吸"之外，还要会 "吹"，适当地"吹"，可以保证烟草充分适度地燃烧，不易出现"灭火"的现象，也可以避免烟斗过热的情况发生，所谓的"吹"就是通过烟嘴向外呼气，不过"吹"的时候切忌不要用力过猛，否则烟灰、烟草和火星会被吹得到处都是，既危险又不雅，还很容易把烟斗"吹灭"。

吸烟离不开火源，常见的烟斗火源有火柴、丁烷打火机、煤油、汽油火机三种，为了保持烟草的真香，建议大家使用火柴和烟斗专用丁烷打火机，因为煤油、汽油打火机的味道多少会破坏烟草的原味。

第四节　滤芯、滤网和晶石

最初的烟斗是没有滤芯的，在20世纪初，金属滤芯出现了，40年代又陆续出现了木质和纸质滤芯，活性炭滤芯在70年代开始被采用。

烟斗滤芯的利弊历来其说不一，有人认为，滤芯会破坏吸烟品质，使吸烟者无法完全品味烟草的真香，也有人认为，滤芯有利于健康，而且可以吸收烟斗内的积水，过滤烟灰和烟草碎渣，是不可或缺的，其实，是否使用滤芯，使用何种材质的滤芯，完全是个人好恶问题，滤芯对于水分和灰渣的过滤

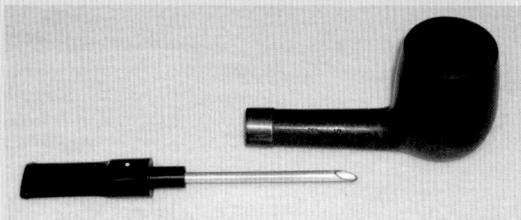

Dunhill烟斗的3mm金属滤芯

作用对于熟练的烟斗客来说是可有可无的，而除去活性炭滤芯，其他品种的滤芯对于人体健康也没有什么太大的保障作用。

烟斗的滤网和晶石在吸烟时所起的作用和滤芯相似，不同之处在于它们还可以起到使烟草充分燃烧的作用，达到提高吸烟品质，节约烟草的效果。通常来说，采用一次性的滤网和晶石是一种不错的选择，而多次使用的滤网表面一旦沾染上焦油和烟草、烟灰的混合物，就很

难清洁，及至成为鸡肋。

第五节　使用烟斗吸烟的常见问题

初学者在使用烟斗吸烟时会遇到许多意想不到的问题，这些问题困扰着吸烟者，让他们对使用烟斗吸烟的乐趣产生怀疑，有人甚至因此放弃了向往已久的烟斗。在这里，我把使用烟斗吸烟时的一些常见问题给朋友们做一个简单的解答，希望对斗友们有所帮助。

一、关于"熄火"

熄火其实是很正常的事，即便是资深的烟斗客也难以避免，完全杜绝烟斗熄火几乎是不可能的，不过只要方法得当，还是可以尽量减少熄火的次数。

要避免烟斗频繁的熄火，首先，要严格按照规程装填烟草；其次，吸烟时要边吸边不断压实斗钵内的烟草；最后，是要掌握吸

在斗钵中加入晶石

烟的节奏，做到张弛有度，速度适中。如果能做到以上三点，那么熄火的次数就会大大减少。

二、关于"烟斗发烫"

用烟斗吸烟，很多时候会遇到烟斗发烫，甚至烧坏爱斗，要想解决烟斗发烫的问题，就必须了解烟斗发烫的原因。

烟斗发烫的原因：

烟斗壁太薄——热效果差；

炭饼薄厚不均匀——钵的受热不均；

烟草太干燥——烧得过快，产生了过高的热量；

吸烟速度过快——频繁地吸烟导致烟草过度燃烧，烟斗得不到"喘息"和冷却的机会；

烟斗材质不佳——木质和海泡石烟斗的材质如果过于疏松，烟斗的阻热性就相对较低；

烟道不通畅——设计和制作不合理，或是使用过程中阻塞、变形的烟道会使烟草燃烧时的热量无法正常散发，导致烟斗发烫；

烟草太湿——温度过高的烟草在燃烧时产生大量水汽，造成斗钵积水，影响散热；

烟斗清理不彻底——灰、焦油和烟草的残渣附着在烟斗的斗钵和烟道中，让烟斗无法正常散热。

三、关于"烟草燃烧不均匀"

斗钵内的烟草燃烧时会一部分已经燃烧成灰烬，而另一部分却没有完全燃烧甚至根本就没着，这种现象的形成是因为烟草在装填时压的不匀，遇到这种情况可以用压棒调整烟草的密实度，将燃烧的烟草

炭饼薄厚不匀的烟斗

拨向未燃烧的地方，重新压实。如若不行，那就干脆熄灭烟草，除去烟灰，彻底疏松残留的烟草，重新压平，压实就可以了。

四、关于"烟斗积水"

很多时候，在吸烟时，烟斗会发出"咕咕"的声音，这是斗钵内积水所至。

烟斗积水是使用烟斗吸烟时的常见问题，主要是由以下几个因素造成的：

烟斗的结构——U形斗钵的烟斗不易积水，V形钵则容易产生积水；

烟草湿度——烟草湿度过大在吸烟时容易产生积水；

吸烟习惯——吸烟速度过快过频，使烟草燃烧过快，燃烧时产生的水分来不及蒸发，冷却后形成积水；长时间把烟斗含在嘴里，口水流入烟斗形成积水。

要避免烟斗积水，除了采用干湿适度的烟草之外，就是要改掉不良的吸烟习惯，同时选用吸烟品质更好的烟斗。

五、关于"舌头刺痛"

有些人使用烟斗吸烟时会感到舌头和口腔有烧灼的刺痛感，这其实是烟草燃烧时产生的热量灼伤口舌的现象。想要避免这种现象，必须采用正确的吸烟方式之外，还要注意装填烟草时松紧适度，不要过于疏松，防止烟草燃烧过快；尽量选择烟道、口柄较长的烟斗，使烟气在进入口腔之前获得充分的冷却。

一旦出现了口舌被灼伤的情况，可以适当减少吸烟频率，让口舌得到适当的休息，并采用相应的药物治疗，一般两三日内即可痊愈。

第六节　烟草的选购和贮存

一、烟草的选购

使用烟斗吸烟，自然离不开烟草，市场上的烟草种类众多，如何才能购买到适合自己的烟草呢？

烟草通常分为："调味烟（Aromatics）"和"非调味烟（Non-Aromatics）"两类。"调味烟"是在烟草中，加入各种天然或人工香料，使烟草具有香甜甘醇的风味，香气浓郁；"非调味烟"则不添加任何添加物，以烟草自身的味道取胜。通常情况下，刚刚开始吸烟的人适合选用"调味烟"，它香气浓郁，劲道较小；而原本吸烟或者雪茄，改吸烟斗的人，则可以考虑选用"非调味烟"，去品尝烟草的原味和真

Dunhill De Luxe Navy Rolls是典型的原味烟

常见的Mac Baren Aromatic Choice就是调味烟

香。购买烟草时，最好选购密封的听装烟草，这样包装的烟草水分保持较好，即使长时间贮存也问题不大；如果出于经济考虑，也可购买纸包装的烟草，不过一定要购买那种带有双层包装的烟草，并且尽可能去大的烟草店购买，因为通常大的烟草店货流比较大，烟草不会积压得时间太长，烟草中的水分也就不会丧失太多。目前国内已经出现了假冒进口烟草，大家在购买的时候一定要特别当心，否则一旦买到假烟草，轻则金钱受损，重则危害自身的健康。

二、烟草的贮存

烟草贮存中最应注意的是烟草的"保湿"，烟草太干或太湿都不好。烟草一定要存储在凉爽、湿润、密闭容器中，最好选用专用的烟草保湿罐。如果烟草需要长时间贮存，仅靠保湿罐也是不行的，还需要在保湿罐中加入保湿器或者保湿片，以加强保湿作用，最大限度地保持烟草中的水分。

烟草是有"生命"的，而维系烟草生命的关键就是水分，失水的烟草会"死"，死去的烟草吸食起来味同嚼蜡，令你大倒胃口，那么如果万一你的烟草不幸"死去"，是不是就此不可救药了呢？那倒不是，我们还是可以妙手回春，挽救它的生命，在这里给大家介绍几种"抢救"干死的烟草的方法，以备

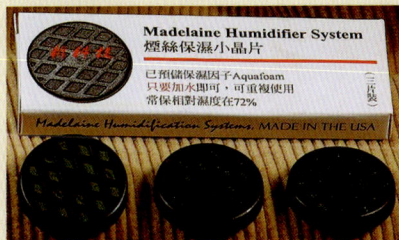

烟草保湿片

朋友们不时之需。

保湿法——干死的烟草装进带有保湿器（片）的烟草罐，长时间放置，让保湿器中的水分充分挥发，润泽死去的烟草，使其慢慢复苏。这种方法只适用于刚刚干死，或者失水不很严重的烟草。

蒸汽法——干死的烟草放进蒸锅中蒸，让蒸汽浸润烟草；也可用带蒸汽熨斗中的蒸汽喷蒸烟草。需要特别注意的是，采用这两种方法时，一定要严格控制蒸汽量和喷蒸的时间，否则烟草湿度太大，反而不行。

蔬菜法——烟草放入密封罐，烟草上覆盖一块洁净的保鲜膜，以隔除菜叶的异味，再在纸上放几片菜叶，最好是大白菜的叶子，然后密封，蔬菜中的湿气会浸入烟草，使烟草复苏。切忌菜叶长时间放置，以免霉变。

喷淋法——用喷壶中装入蒸馏水或纯净水喷洒烟草后，置入密封罐贮存。要注意的是喷淋时一定要不断充分地搅拌烟草，以保证水分均匀。

除去保湿之外，烟草贮存中的另外一个需要特别注意的问题就是"保洁"，所谓"保洁"指的就是要避免烟草和其他东西接触，尤其是那些有异味的东西，而且，即使都是烟草，不同口味和品种的烟草也不能放置在一起，以免串味。

第七节 烟草调配

所谓"烟草调配"就是将风味不同，燃烧质量不同的烟草按照一定的比例混合在一起，发挥烟草的优点，弥补其不足，达到一种平衡与和谐的效果，最大限度地展现烟草的风味和功效。

烟草的配方基本上可分英国式（English）和加味（Aromatic）两种。

英国式（English）：

英国政府禁止在烟草中添加任何辅助材料，所以英国制的烟草无论任何配方，均为纯烟草，更能体现烟草的原味。

加味（Aromatic）：

加味烟草就是在烟草中添加天然香料炮制而成的，一般有水果味（樱桃、水蜜桃、奇异果），花草味（特殊芳香花草），酒香味（威士忌、单一麦芽、兰姆），以及咖啡、香草、木香或干果等口味。

烟草经过调配和加味后，还要经过一段时间的陈化，使烟草的味道更加醇厚。陈化后的烟草再加入多种辅料烟草，调配成某种特定口味的烟草，才可以吸食。

许多资深烟斗客已经不满足于现成的烟草口味了，他们更喜欢自己动手，调配适合自己口味，充满个性化的"手调烟"，同时在调配烟草的过程中充分感受到一种非比寻常的乐趣。

在国外，大部分烟草店里都为烟斗客们提供"手调烟"的服务，或者销售原料烟草，供客人自己调配，而在国内，这项业务还是空白，所以，倘若要自己调配烟草，通常只能去购买成品烟草来调制，这就大大限制了"手调烟"的品种，一些国外烟斗客调配烟草的良方也就不适用了，在此只能给斗友们介绍几种简便易行的"手调烟"配方。

1. 一份Borkum Riff银色包装（超淡口味）加一份Borkum Riff红色包装（樱桃口味），降低了红Borkum Riff的劲道，又不失香甜的风味。

Borkum Riff(银色)　　　　　Borkum Riff(红色)

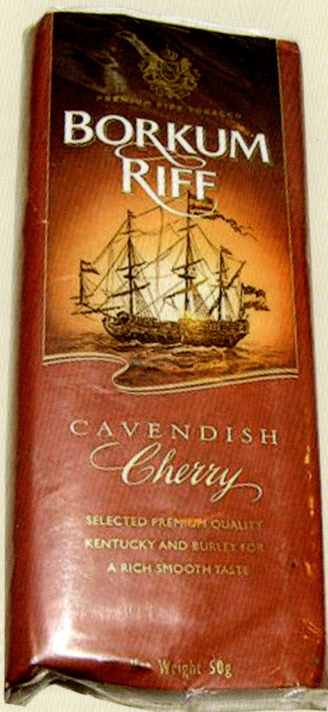

2. 两份Mac Baren的Virginia No.1 加一份Dunhill Night Cap，调配之后可以使英式烟草的浓烈变得柔和一些，又不失真香。

Mac Baren 的 Virginia No.1

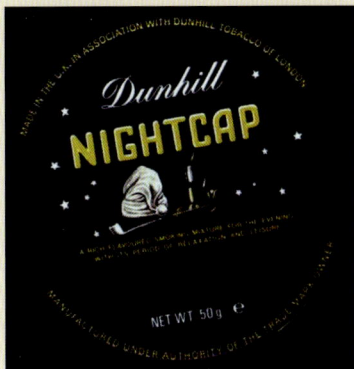

Dunhill 的 Night Cap

3. 一份 Spring Water 加入一份 Dunhill-Mixture 965，可淡化 Spring Water 中过于浓重的香甜之气，风味更加醇厚。

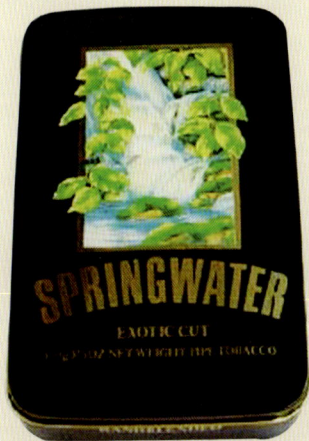

Spring Water

Dunhill Mixture 965

4. 两份Dunhill Standard Mixture 加一份Amphora 红牌(Full Aromatic)，风味更加顺滑。

Dunhill Standard Mixture

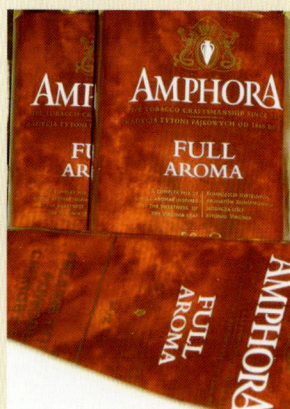

Amphora（红牌）

5. 一份Dunhill－Night Cap加一份W.O.Larsen Signature，风味柔和清新。

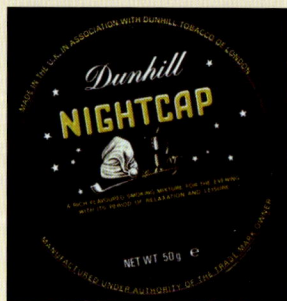

Dunhill－Night Cap

W.O.Larsen Signature

伍 烟斗附件

活性炭滤芯

在现行的三种最通常的吸烟方式中，使用烟斗吸烟是最为复杂的，不仅需要烟斗和烟草，在吸烟和清理、养护烟斗的过程中，还需要许多不同的工具和附件，这些工具和附件看似不起眼，但对于烟斗的使用和维护却是必不可少的。

第一节 使用附件

滤芯——为纸滤芯、软木滤芯、活性炭

滤芯和金属滤芯四种，直径分为3mm、6mm、9mm三种，过滤水汽及烟灰微粒。

滤芯盒——收纳滤芯。

烟斗刀——整理斗钵内炭饼的工具。

剔棒——疏松烟灰，剔除未燃尽的烟草。

带压棒的小勺——去除烟灰及未燃尽的烟草。

压棒——吸烟时压实斗钵内的烟草。

三合一工具——棒、小勺、压棒合而为一的工具组，有的将小勺换做烟斗刀，还有剔棒、带压棒的小勺、压棒、烟斗刀组合在一起的四合一工具组。

防风帽——加盖在烟斗上，以减低烟草燃烧的速度。

滤芯盒

四合一工具

烟斗刀

防风帽

剔棒

橡胶咬嘴

带压棒的小勺

滤网

压棒

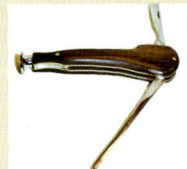
三合一工具

晶石

橡胶咬嘴——防止衔在嘴里的烟斗滑落，并起到保护烟嘴的作用。

滤网——吸烟时放置在斗钵底部，使吸烟时产生的水分和烟草隔离开来，提高吸烟质量，减少烟草的浪费。

晶石——与滤网的功用相同。

烟斗架——放置烟斗的架子。

烟斗专用烟灰缸——有软木除灰器，有的还兼有烟斗架的作用。

软木除灰器——敲除烟灰时可以避免烟斗斗口受损。

烟斗包——带烟斗及相应工具的小包。

烟斗专用烟灰缸

烟斗架

软木除灰器

烟斗包

烟草袋——用于外出携带的贮存烟草的小口袋。

烟草罐——放烟草的罐子。

烟草保湿罐（箱）——降低烟草水分的流失，有的保湿罐还附带着"保湿片"和"保

烟草袋

烟草保湿箱

烟草罐

湿器"，更好地保持和调节烟草中的水分。

皮质烟斗工具包——收纳工具及火源。

皮质通条袋——收纳通条、烟斗刷。

火柴——烟斗专用火柴的长度较一般火柴长。

烟斗专用丁烷打火机——采用特殊设计，火嘴为

皮质烟斗工具包

皮质通条袋

弯曲状，从侧面出火。

煤油、汽油火机——是专为烟斗设计的，不过这类打火机无法避免的煤油和汽油味，难免会破坏吸烟品质。

火柴

Zippo烟斗火机　　　烟斗专用丁烷打火机

第二节　维护附件

带微调的斗钵修整器——修整斗钵炭饼的专用工具，有的还带有微调功能，可以控制炭饼的厚度。

棉质通条——用于清理烟斗的烟嘴和烟道。

猪鬃通条——用于清理烟斗内较顽固的污物。

烟斗刷——用于烟斗深层的清理。

甜化液——以溶解烟斗内残留的焦油等污渍，并使烟斗的味道清新甜美。

　　棕榈蜡——石楠根烟斗使用一段时间后，表面会失去光泽，棕榈蜡上光打蜡，可以使烟斗恢复光泽美观，同时也起到保护烟斗外观的作用。

带微调的斗钵修整器

棉质通条

烟斗刷

甜化液

猪鬃通条

陆

烟斗养护维修和DIY

无论是使用还是收藏，烟斗的养护和维修都是非常重要的。烟斗在使用过程中难免有不同程度的污染和损伤，而收藏时也会存在如何让烟斗保持原有的风貌、历久弥新的问题，所以，一个合格的烟斗客必须掌握维护和维修烟斗的基本技艺，以便更好地使用和珍藏自己的爱斗。

第一节 石楠根烟斗的养护和维修

一、养护烟斗的注意事项

1.吸烟后清理烟斗

吸完烟之后，要对烟斗进行一番必要的清理，以保证再次使用时，不至于影响吸烟的质量和烟草的味道。清理烟斗需要遵从以下程序：

完全冷却——吸完烟后，先将烟斗搁置在通风干燥的地方，让烟斗冷却超过12小时以上，这样做的目的是因为清理烟斗时需要插拔口柄，倘若烟斗未完全冷却时进行，容易令榫口咬合变松，甚至令斗柄开裂。

去除烟灰和烟草残渣——烟斗完全冷却之后，用小勺将斗钵内残留的烟灰和烟草挖出，不要损伤炭饼，更不要磕打烟斗，以免斗口受损，甚至斗柄开裂。

清洁烟道——烟嘴按照一个固定的方向从斗柄上旋转拧下，再用烟斗刷蘸上烟斗清洁液，疏通清理烟嘴、斗柄、烟道，直至斗钵底部，完全清洁之后，再换用干燥洁净的棉质通条，多次重复以上步骤，直至完全去除了残存的焦油、唾液和清洁液；用药棉、纱布或者其他柔软的织物蘸清洁液，擦拭榫口及金属滤芯。

更换滤芯——如果烟斗是带滤芯的，需更换新滤芯，但不是每次使用后都要更换，一般以使用过3~4次为限。

清洁烟斗

完全干燥——清理完毕后，切勿立刻将烟嘴插回斗柄，经过清洁液清理的榫口会略微膨胀，此时插入，容易造成变形，甚至斗柄开裂，必须等到斗钵和榫口完全干燥后才可将烟嘴插回烟斗。

2. 定期整修"炭饼"

长期使用的烟斗斗钵内的炭饼过厚，表面凹凸不平，使得斗钵容量减小，焦油味浓重，吸烟质量下降，甚至还会导致斗钵受热不均，吸烟时烧裂斗钵，因此烟斗的炭饼必须经常清理和修整。

斗钵内的炭饼根据斗钵的大小不同而薄厚不一，一般厚度应该保持在 1mm~2mm 之间。

修整炭饼可以使用烟斗刀，用烟斗刀刮除斗钵内壁多余的和不平的炭饼，注意不要刮得太深，破坏了必须保留的炭饼的厚度，伤及斗钵内壁；也可以在手指上缠绕一张洁净的白纸，再将手指插入斗钵内，沿一个固定的方向旋转摩擦，这种方法修磨出来的炭饼光滑平整，薄厚程度均匀；使用专门的斗钵修整器，如果是带微调的效果就更好。炭饼修整完毕，在新修过的炭饼外表涂上一层蜂蜜，斗口向下，放置24

修炭饼

小时以上，待完全风干后才可重新使用。

3. 定期打蜡

除了漆斗，几乎所有石楠根烟斗出厂前都会打蜡抛光，而使用一段时间之后，由于吸烟时烟斗受热，斗身上的蜡质逐渐融化、脱落，烟斗便逐渐失去了原有光泽，为保持爱斗亮丽的外观，就需要给它打蜡。石楠根烟斗需使用特制的棕榈蜡来打。打蜡时，趁着刚吸完烟的烟斗余热未消，在斗身上均匀涂抹棕榈蜡，依靠烟斗自身的余温，将蜡融化，并充分吸收；烟斗冷却后，再用棉质的软布或毛巾打磨烟斗的表面；如果有条件的话，可以在手枪钻上加装抛光轮，以机械力量抛光，效果更好。经过抛光后，你的爱斗便会焕然一新了。

手工打蜡

机械打蜡

4. 去除烟斗异味

有时候使用烟斗吸烟时会感觉有异味，烟斗产生异味的原因一般是由于烟斗没有经过足够的"休息"，或者是使用同一只烟斗抽了不同口味的烟草。遇到烟斗有异味时，需要使用烟斗甜味液来去除，具体

方法是：将甜味液浸在通条上，充分清洁烟斗的斗钵、烟道和烟嘴，然后完全风干，经过甜

去除异味

味液清理的烟斗一般就不会再有异味了。

为避免烟斗产生异味，除了让烟斗好好"休息"之外，还要做到"专草专斗"，即抽一种烟草用一只烟斗，不要混淆，以免烟草之间串味，不仅导致烟斗异味，还难以品尝出不同烟草的不同口味，这就需要烟斗客们多置备几只烟斗。

5. 烟斗的定期彻底清理

烟斗使用了一段时间之后，就需要进行一次彻底的清理了。要想彻底清理烟斗，有多种方法，最常用、最有效的是以食盐和酒精来清理，这种方法被形象地称之为"食盐大法"。

首先，准备适量的食盐、酒精，柔软的毛巾和餐巾纸，然后先将烟斗做一次一般的清理，再在斗钵中灌满食盐，注入

食盐大法

酒精,令酒精浸透钵内食盐,将烟斗静止放置,斗钵内的酒精经过一到两天的时间完全挥发,钵内的食盐会变得乌黑,此时将已经结块的食盐小心地用小勺挖出,擦拭掉残存的盐粒,再风干24小时以上,烟斗就彻底清理干净了。

6. "二手斗"的清理

二手斗物美价廉,但清洁起来却是一件令人头疼的事情,要想让一只看上去污垢满身,毫无光泽的二手斗重新焕发光彩照人的容颜,就需要下一番功夫了。

第一,将炭饼修整到一个合适的厚度,且光滑均匀。

第二,采用食盐大法进行一次彻底的清洁,注意"食盐大法"只适用于石楠根及其他木质烟斗,绝对不能用于海泡石烟斗的清洁。

第三,用化妆棉或餐巾纸蘸白兰地反复擦拭,去除和浅化斗口上原有的焦灼痕迹,再用抛光羊毛仔细抛光。

第四,用稀释后的家用

修复烧焦的斗口

烟嘴的修复

消毒液，如"84消毒液"、"滴露"等浸泡口柄半小时至 1 小时，达到消毒的目的（消毒液有腐蚀作用，浓度一定不能过高），浸泡时，要保护好口柄上的商标，以免被消毒液腐蚀掉。也可用医用酒精，浸泡 5～10 分钟。浸泡后立刻用清水清洗。清洗之后，口柄上有时会出现颗粒状结晶物，这是消毒液侵蚀口柄发生的反应，用1000号以上的水砂纸，轻轻打磨口柄表面，可以消除这些结晶。

第五，有些二手斗的烟嘴损伤严重，咬痕牙印让烟嘴表面变得坑坑洼洼，氧化使烟嘴的色泽污浊暗淡，极大地影响了美观，必须做彻底的清理和修复。首先用锉刀粗略地打掉牙印和咬痕，再用砂纸打磨掉残存的痕迹，最后用抛光羊毛彻底抛光，原本不堪入目的烟嘴就整旧如新了。

第六，最后用棕榈蜡抛光烟斗。

经过如此处理，一只不起眼的"二手斗"就会整旧如新了。

自配口柄

二、石楠根烟斗的维修

毕竟绝大多数烟斗客都不会是烟斗工匠，所以，我们这里所说的烟斗维修只是一些最简单、最基本的方法，不过掌握了这些方法，对我们日常使用烟斗还是具有一定的帮助的。

三、自配口柄

烟斗在日常使用中最易损坏的部位大约就要算是榫了，一旦榫断裂，那么口柄就跟着完全报销了，没有了口柄，再好的烟斗也就不成其为烟斗了，当然这是任何一个烟斗客都不愿看到的事情，那么如何才能配置到替代坏损的口柄呢？在国外，大多数的烟斗店都有代客配置烟斗部件的业务，而国内现在这项服务还是一个空白，通常遇到这种情况只能自己解决了。挑选一只不喜欢，或者有其他问题，但榫的口径和口柄外径与需要替代的烟斗相同的烟斗，或者去买一只口径相同的低端烟斗，取其口柄作为替代品。后配的口柄往往会与原想的略有出入，如果榫径过大，可以用细砂纸打磨，使之适合原有的榫眼的内径大小，倘若榫径和榫孔差距过大，而斗柄的内径的厚度允许的话，可以用电钻把榫口适当扩大，以适应榫的外径；如果榫径稍小，可以在榫径外涂

修复松动的榫口

抹指甲油，以增加它的外径，使之与榫眼相匹配；如果榫的长度过长，可以锯掉超长的部分，短的话一般没有问题。

四、巧取"断榫"

插拔口柄时，不小心会把榫折断，断了的榫留在榫眼里，通常很难取出，一只烟斗可能就此完全报废了。遇到这种情况，可以找一根长短、粗细都合适的螺丝钉，把钉尖拧入断榫，用钳子夹住钉帽往外拔，螺丝钉便会带着断掉的榫一道被从榫眼中拔出来，再给烟斗重配一只榫径相同的口柄就可以了。

五、修复松动的榫口

插拔口柄不当，或者气候过于干燥，都会导致榫口松动，一旦出现这种情况，轻则影响吸烟，严重的这只烟斗就不能继续使用了，要解决这个问题，通常有3种办法：

① 吸完烟，趁烟斗尚热，拔出口柄，待烟斗完全冷却后再插进去，对于榫口松动程度不严重的烟斗，这一方法可说是立竿见影。

②在榫上涂一层指甲油或者蜂胶、环氧树脂，增加榫的外径，晾干后插进去，达到紧固的作用。

③对于松动得很厉害的榫，上面两种方法就不太适用了，你可以用打火机均匀熏烤榫，使之变软，然后再将一支金属材质笔头的圆珠笔插入榫内，旋转笔尖，把榫撑大，再将冷却后的榫插入榫眼，看看合适与否，如果还有些松动，依照上面的步骤再继续扩大榫径；如果过大了，用火再把榫稍微烤一下，使之收缩到合适的大小为止。

六、加固开裂的斗柄

吸烟时斗钵温度过高，烟斗的材质先天不足，都会造成石楠根烟斗斗柄的开裂，一旦斗柄开裂就必须及时处理，否则裂痕越来越大，无法弥补，你的爱斗就会彻底报废了。用胶水小心注入裂处，迅速擦去斗柄表面多余的胶水，以免影响烟斗外观，用布条之类的宽扁柔软的带子绑扎住了胶的裂痕，注意不要让胶粘住带子，待胶完全干透后，烟斗便可继续使用了，不过，为了保险起见，这时最好去找个银匠，打造一个银箍箍在斗柄开

银环加固的斗柄

裂的位置，一来可以防止继续开裂，二来还可以起到掩饰裂痕，美化烟斗的作用。

第二节　海泡石烟斗的养护和维修

海泡石烟斗比较娇贵，日常使用和养护中更要格外小心。接触海泡石烟斗之前，一定要把手洗干净，手上绝对不能沾有油污和汗渍，否则就会污染海泡石烟斗洁白的表面；使用海泡石烟斗，最好选用干燥型的烟丝；使用海泡石烟斗吸烟时，斗钵中的烟丝不能装得太满，否则极易熏黑斗口，损害烟斗的外观。使用同一只烟斗，两次吸烟间隔最好在 24 小时以上。

吸烟之后，也需像石楠根烟斗一样，等烟斗完全冷却后才可以清

海泡石烟斗带螺纹的榫

洁烟斗；清洁烟斗时，按榫的螺纹方向小心地旋转拧下口柄，以免损坏榫口内的螺纹，造成烟道漏气；清洁烟斗时要把斗钵里的烟灰、炭、烟油、烟水等彻底清除干净，不可使斗钵内留有积炭，海泡石烟斗和石楠根烟斗不同，不像石楠根烟斗需要炭饼的保护，相反，炭对海泡石烟斗的危害极大，斗钵内的炭会导致海泡石烟斗斗钵的炸裂；斗柄和口柄，要用棉质通条通干净，不可存留烟油、烟水；最好使用专用的烟斗清洁液，绝对不要使用酒精或烈酒来清洗；无论是吸烟还是清洁时，都不能对烟斗有任何形式的撞击和磕碰，哪怕是指甲轻微划过都会在海泡石烟斗上留下不可磨灭的痕迹。

多数海泡石烟斗的榫和榫眼中都刻有螺纹，插入榫时，如果出现旋转艰涩的情况，不要蛮干，用力旋转会导致斗柄，甚至斗身破裂，可在榫上涂一点凡士林，经过润滑后的榫就会很容易地旋进榫眼了。

第三节 烟斗DIY

很多时候，自己动手去做一件喜欢的器物的确是一件趣事，因此烟斗的DIY是许多烟斗客极力追求的一种境界，国外一些制造厂商也不失时机地推出了烟斗DIY所需的石楠根斗坯和口柄套装，深受顾客欢迎。

　　在自己动手制作烟斗之前，先要根据自己的喜好和斗坯的形状设计所要制作的烟斗造型，并将所需的工具置备齐全。

　　烟斗设计好之后，便可以动手制作了。首先在斗坯上画出烟斗剖面的中心线，将斗钵的形状勾勒好，然后用锯子裁切去斗钵形状之外的多余部分，再用木锉加工出粗略的斗钵外形，换用较细的木锉精雕细琢，直到一个烟斗的轮廓基本呈现出来，再雕凿出斗柄，同样打磨，几经反复，一只初具规模的烟斗就告完成，最后用粗砂纸和细砂纸先后多次打磨，直到外形满意为止，最后用羊毛抛光、打蜡，插上配套的口柄，一只原木烟斗就这样诞生了。

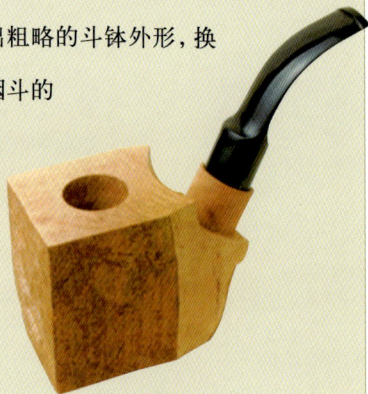

DIY斗坯套装

　　烟斗DIY是一件妙不可言的趣事，不过，说起来容易，做起来却并不简单，这需要一定的设计、加工技巧，一定的审美能力和足够的耐心细致，还需要不断地摸索和积累经验，否则是很难成功的。

柒 烟斗收藏

第一节 收藏的原则

最初的烟斗只是人们用来吸烟的实用器具，但是，经过几百年的演变和进化，随着制作材料的不断革新，设计和制作工艺的不断进步，许多选材上乘，做工考究的名家作品已经不再是单纯的吸烟工具，而成为人们竞相收藏的艺术珍品。在欧美，烟斗收藏已经有很长的历史了，而近年来，国内也掀起了一股烟斗收藏的热潮。

中国的烟斗收藏发端尚晚，收藏者水平参差不齐。因此，很多人在收藏过程中出现了不少问题，走了不少弯路，在这里我想把自己这些年收藏烟斗的一些体会和斗友们交流交流，希望能起到抛砖引玉的作用。

首先要"明确主题"

世界上烟斗品牌众多，而且新的品牌层出不穷，有些人雄心勃勃地要把所有品牌的烟斗都收集齐全，这绝对是不现实的，而且也是没有必要的，要知道，并不是所有的烟斗都有收藏价值，收藏烟斗必须有所选择，有所侧重。

世界上许多著名的烟斗收藏家通常采用的是"主题收藏"法，就是像集邮那样，选取某一特定主题，继而围绕这一主题展开收集，比如我们可以设定某一

Trever Talbert的
1999年圣诞纪念斗

品牌的年度斗，纪念斗，或者造型奇特的异型斗为主题，专一收集，既节省了财力，又达到了收藏的目的，而且这样的收藏还可以提升你的藏品的整体价值。

Dunhill的2004年
圣诞纪念斗

Alberto Bonfiglioli的
2003年圣诞纪念斗

Larry Roush的2005年圣诞纪念斗

其次是"量力而行"

烟斗，尤其是名家

品相不错的二手
Castello烟斗

名作，价格绝对不菲，收藏者一定会因此投入大量的财力，因此，在收藏烟斗时一定要根据自己的经济能力，量入为出，不要把收藏变成一种压力和负担，尽量做到"花小钱办大事"，在财力有限的情况下，不妨收藏一些二手、二等品、副牌和贴牌烟斗，既达到了收藏的目的，也享受了收藏的乐趣，不需太大的花费和投入，可谓一举两得。

烟斗收藏是一种审美的享受，一种对情操的陶冶，把玩摸索心爱的烟斗，平添几分生活的情趣，妙不可言！

第二节　年度斗、限量斗和纪念斗

购买和收藏烟斗的过程中，时常会遇到"年度斗"、"限量斗"和"纪念斗"这些名词，很多初学者对此一知半解，似是而非，给选购和收藏

Peterson的2000年度斗

Vauen的2006年度斗

带来了不少的麻烦，在这里，我就给大家做一些简单的介绍。

一、年度斗

许多烟斗制造厂商或者工匠每年会推出一款特定的标识当年年份的烟斗，这就是通常所说的"年度斗"。年度斗是烟斗制造商用来推广品牌的一种手段，年度斗通常是一些质地做工精良的高端烟斗，极富收藏价值。

二、限量斗

限量斗是烟斗制造厂商或者工匠制作生产的高品质烟斗，这种斗的产量有一定的设限，通常数量很少，每只烟斗都会有一个特定的编号，配有"身份证书"，就好像一些瑞士高端手表一样。限量斗用料考究，做工精湛，加之数量较少，因而是收藏者竞相追逐的目标。

Dunhill 的限量斗

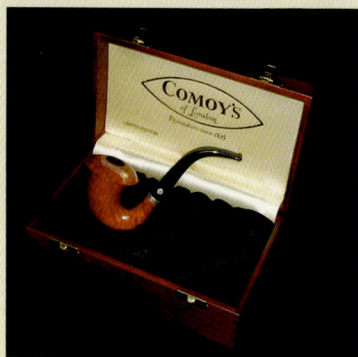

Comoy's 的限量斗

三、纪念斗

为纪念某些重大的节日和具有特殊意义的事件或者人物，有些烟

Dunhill意大利威尼斯纪念斗套装

斗厂商和工匠会推出以此为主题的烟斗，这种烟斗通常都是高端产品，产量有一定限制，这就是所谓的"纪念斗"。纪念斗实际上是一种特殊的限量斗，而由于其具有特殊的纪念意义，所以价格更高，更受收藏家们的青睐。

第三节 二等品烟斗、副牌烟斗和贴牌烟斗

一般情况下，烟斗的价格和价值肯定是成正比的，但也会有例外，比如一些名厂的二等品烟斗，一些大牌烟斗的副牌，还有一些用来作为促销和广告手段的名厂贴牌烟斗，其性价比就远比同等价格的烟斗高得多得多。

一、二等品烟斗（Seconds）

"二等品"，顾名思义，就是相对于正品略有欠缺的产品。烟斗中的"二等品"通常是一些大厂、名家在制作烟斗过程中出现的有细微瑕疵，但无损吸烟质量的产品，这些烟斗秉承了正品的风格和做工，只是

二等品烟斗

那些名厂名家为了维护自己的品牌形象，而将其打入另册，不再打上它原本的品牌，而一般只标注为"Imported Briar"（进口石楠），或者"Italy"（意大利）这类的字样，以示和正品烟斗的区别。

名家的血统，使得二等品烟斗绝对不同于同等价格的那些小厂和普通工匠的作品，它的材质和工艺，以及吸烟品质更优异，无论是日常使用还是收藏，都有着极高的性价比。

二、副牌烟斗

"副牌"烟斗与"二等品"烟斗有些近似，不过其瑕疵较比之二等品更少，更不明显，也正因为这样，许多大

Savinelli 的副牌 Estella

stanwell 的副牌 Danske Club

厂把这类仅有细微瑕疵的烟斗另外冠以一个品牌，以示与正品的区别，这就是所谓的"副牌"，副牌烟斗实际上就是一种质量较好的二等品烟斗，性价比自然更高。

Parker 是 Dunhill 的副牌

著名烟斗品牌与副牌对照表

正牌名称	系列	副牌
Barling		Michel
Butz Choquin		Dr.Boston
Charatan		Ben Wade（一度作为副牌使用的品牌），Mount Battens，Tinder Box Unique，Falstaff
Comoy's		Every Man，Town Hall，Guildhall，Mansion House，Sunrise，Tinder Box Royal Coachman，Newcastle，Royal Falcon，Gresham Giants，Hyde Park
Dunhill		Parker，Hardcastle，Savory's Argylle
GBD		Irwin，Dr. Plumb，Digby，City Deluxe，English Knight，Country Club
Kriswill		Kriscon
Lorenzo		Tinder Box Monza
Mastro De Paia		Calibano
Nording		Aalborg
Peterson		Irish Seconds，Shamrock，Erica（系统斗），Captain Pete's，Kinsell
Sasieni		Two Dot（介于正牌和副牌之间的品牌），Claret（20世纪60年代叫做 One Dot），Mayfair，Old England，Englandaire,Fantail，Craven，Pickwick，Sandurst,Windsor，Royal Stuart，His Royal Highness,Henley Club，Berkeley Club
Savinelli	Oscar	Fiamatta，Capitol，Estella
Stanwell		Royal Danish，Royal Guard，Royal Sovereign，Danske Club，Danish Sovereign
Upshall		Tilshead

三、贴牌烟斗

烟草制造和销售商为了做广告，宣传自己的产品，开拓市场，会委托一些烟斗制造商为他们生产烟斗，这些烟斗被冠以相关的烟草品牌销售，这样的烟斗被叫做贴牌烟斗，为了起到对烟草的促销作用，许多贴牌烟斗的价格大大低于同一烟斗厂商产品的价格，但也有些著名的烟草品牌的贴牌烟斗价格也同样昂贵，比如著名的 Davidoff 烟斗，它的价格远高于它的代工厂商 Chacom 同档次的产品。贴牌烟斗和同厂正牌烟斗的区别只是在于它的价格，而其品质绝对不次于正牌的产品，因此，贴牌烟斗无论是在使用还是收藏上，都是烟斗客们的最爱之一。

著名的Davidoff就是贴牌烟斗

四、二手烟斗

在国外烟斗界有一个属于叫做"Estate Pipe"，即"二手烟斗"。国外很多烟具店、古董店和跳蚤市场都有使用过的"二手烟斗"出售。或许很多人认为烟斗是很私人的东西，对于购买"二手烟斗"心存抵触，但实际上如果单纯作为收藏，二手烟斗绝对是一个不错的选择，很多二手烟斗年代久远，选用的石楠根烟斗在今天看来都堪称极品，又不乏名家名作，尤其是那些品相较好的二手烟斗，收藏价值远非现在的一些大路货可比，令很多资深斗客爱不释手。

捌 烟斗礼仪

17世纪开始，烟斗就成为欧洲上流社会的最爱，因此衍生出一套完整的烟斗礼仪，成为社交礼节中必不可少的部分，当时的烟斗礼仪主要是针对宫廷和贵族们，不免有些繁文缛节。随着社会的进步，烟斗的平民化，原本繁冗的礼仪也被简化了，只有一些必要的礼仪被保存下来。随着国内烟斗爱好者数量的逐年增加，学习必要的烟斗礼仪也就提到了议事日程上来了，只有了解并遵从相应的烟斗礼

Nording 的狩猎斗

钱袋背心斗

仪，才能成为一名真正的烟斗客。

最基本的烟斗礼仪：

1．一个烟斗客至少要有 3 只烟斗。

2．长脸形的人易选用雀眼纹的烟斗；圆脸形的人，最好配一只火焰纹的烟斗。

3．穿正式的西装、礼服、唐装时，选用光面的传统造型的烟斗；穿休闲装搭配自由式的烟斗；牛仔装则最好选配喷砂、乡土型的烟斗。

4．冬季的穿着比较臃肿，选用较大型的烟斗；夏季穿戴单薄，宜用小型的烟斗；春夏季，用浅色调的烟斗，秋冬季使用颜色偏深的烟斗。

5．每天的不同时间段使用不同的烟斗，早上选用小型烟斗，中午选用中型烟斗，晚上则可以用大型烟斗。

6．思考问题时用直式的石楠根烟斗；阅读时用弯式的海泡石烟斗；狩猎时用专门的狩猎烟斗；外出散步或走路时，宜用钱袋背心斗。

7．男人选用形制较大的烟斗，女性采用较为纤巧的烟斗。

8．年轻人最好使用直斗，中老年人以弯斗为主。

9．应选用与所吸食之烟草相匹配的烟斗，柔和型的烟草选用9mm或者是 6mm 口径的烟斗；口味浓烈的烟草用 3mm 口径的。

10．脱帽、戴帽或鞠躬时，应该熄灭烟斗。

11．男士和女士一道在马路上散步时不应该吸烟斗。

12．在公共场合吸烟斗前应先征得别人的同意，尤其对于长辈和陌生的女士。

玖

名家名斗

在烟斗的发展史上，涌现了许多名家和名牌，这些名家和名牌的烟斗，成为烟斗客和烟斗收藏者们竞相追逐的目标，在这里简要介绍一些目前世界上具有代表性的名和名牌烟斗，以期对喜爱烟斗的朋友们在购买和收藏烟斗时有所帮助。

A

Amorelli（意大利）

Amorelli 的烟斗以手工斗为主，也有一些半手工半机制的斗。等级以"★"表示，从高到低，分为五等。

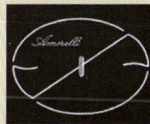

价格一般在 150～500 欧元。

Anne Julie Rasmussen（丹麦）

在男性占据绝对统治地位的烟斗制作界，Anne Julie 几乎是唯一的女性制斗大师。1966年，她的丈夫，制斗大师 Poul Rasmussen 去世后，Anne Julie 继承了丈夫的事业，设计和制作顶级品质的烟斗，她曾经是 Stanwell 的首席设计师，培养了包括 Bjoern 和 Tom Eltang 在内的众多享誉世界的烟斗大师。她的烟斗价格在 250～2500 欧元之间。

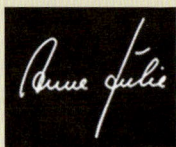

Ardor（意大利）

Ardor 是意大利著名的烟斗品牌。

等级：从高至低依此为：URANO，METEORA，TABACCO，NICE UN，PLUTONE，GIOVE，MARTE，MERCURIO，VENERE，VENERE DUI PUNTI

价格：100～500 欧元。

Ascorti（意大利）

Ascorti和Caminetto是同一厂商的两个品牌，是由制斗大师Roberto Ascorti创立的，他去世后，妻子和儿子继承了他的事业。

价格：100~450欧元。

Ashton（英国）

William Ashton Taylor最初是在Dunhill工作，并从那里学到了制斗的技艺，1983年创建了自己的品牌，其烟斗风格深受Dunhill的影响，具有比较典型的英国古典烟斗的风格，喜欢装饰925银的环饰。

价格：100欧元起。

B

Rainer Barbi（德国）

1974年，Rainer Barbi开始设计和制作烟斗，并取得了巨大的成就，在国际烟斗界被誉为"手工罗马教皇"。其烟斗的价格在150~670欧

元之间。烟斗喜欢用

银环作为装饰。

等级：由低至高

分为：CC，CB，CA，BC，BB，BA，AC，AB，AA，C，B，A，A0，A1，A2 等

Paul Becker （德国）

Paul Becker1982年开始制作烟斗，最初为 Rainer Barbi 工作，1990 年创立了自己的品牌，生产手工烟斗。其烟斗主要是中高档为主，风格接近北欧自由式烟斗。

等级：从低至高为：A……Z

价格：150～1250 欧元。

Wolfgang Becker （德国）

Wolfgang Becker 专门生产中高档的手工斗，年产60到80只，价格从180欧元起，被认为是德国最好的五大烟斗品牌之一。

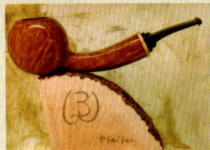

Butz Choquin （法国）

1858年创建于素有"烟斗之都"美誉的Saint Claude（圣克劳德），

是世界上历史最悠久的烟斗制造商之一。年产烟斗15万只左右，其中部分是替Dunhill等其他大品牌代加工的产品。从25欧元的低端机制斗，到1250欧元的高档手工斗都有。产品风格以传统的古典形式为主。

Buyukcopur（土耳其）

这是一家规模较小的家庭烟斗作坊，位于盛产海泡石的土耳其Eskisehir地区。以盛产光面的海泡石烟斗为主，产品选用上乘的材料，制作考究，吸烟品质上佳。价格50欧元至上千欧元不等。

C

Castello（意大利）

Carlo Scotti从1947年开始制作烟斗，经过半个世纪的努力，他创立的Castello已经成为目前世界上最著名的烟斗品牌之一。Castello烟斗选用了最上乘的石楠根，经过独特的设计，精湛的加工，成为使用的艺术精品。在生产纯粹的手工烟斗之外，Castello也生产机制斗和半手工斗。

价格：100～1750 欧元。

等级：以"K"作为等级的标识，从低到高为：K，KK，KKK，KKKK

Claudio Cavicchi（意大利）

Claudio Cavicchi1974年开始制作烟斗，到20世纪90年代，已经成为意大利家喻户晓的烟斗品牌。值得一提的是，Claudio Cavicchi的夫人Daniela是他事业上得力的助手，许多烟斗是他们夫妇共同制造的。

产量：1000只／年

价格：100～300欧元。

等级：以C为等级标志，分为五级，从低到高为：C，CC，CCC，CCCC，CCCCC

Chacom（法国）

始建于1825年的Chacom是世界上现存的最古老的烟斗制造厂商之一。Chacom位于著名的石楠根之乡——的Saint-Claude地区，以生产机制烟斗为主。Chacom的创建者是1879年迁往伦敦的著名的烟斗制造商Comoy的所有者的堂亲。Chacom出产多种档次的烟斗，其产品都严格选用经过12个月

自然风干的石楠老根，以超过60道的传统精密工艺制作而成。

产量：约20万只／年

价格：25～250欧元。

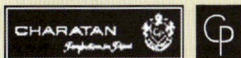

Charatan（英国）

创建于1863年，创始人是Frederik Charatan，曾经是英国最著名的烟斗品牌之一，甚至比Dunhill更为有名。在1973年以前，他的烟斗全部为手工制作，其后才开始采用半手工。1977年被Dunhill并购；1982年，该品牌被法国人收购，现在的Charatan烟斗都是由法国生产。

价格：机制斗、半手工斗，75～250欧元；手工斗250～10 000欧元。

Comoy's（英国）

英国最著名最古老的烟斗品牌之一，1825年创建于法国，和Chacom是一个家族，后来迁至英国伦敦，1972年成为Cardougan集团的一员，是该集团最著名、最高端的品牌。手工斗，半手工斗，机制斗都有生产。

价格：30～750欧元。

D

Davidoff（瑞士）

20世纪70年代开始，Davidoff开始委托其他烟斗制造商代工制作其品牌的贴牌烟斗，其中最主要的是Chacom的产品。

价格：150～400欧元。

Design Berlin（德国）

1948年Pfeifenstudio Hubert创建了二次大战后德国第一家烟斗公司——Design Berlin，在其后的岁月里，成为欧洲乃至全世界著名的烟斗品牌。

以生产机制斗为主，也有少量的手工斗。

价格：25～300欧元。

Don Carlos（意大利）

1983年Bruto Sordini和Guidi Giancarlo 共同创办了Sordini公司，1990年，前者独自创立了Don Carlos这一烟斗品牌，因其商标是一个指挥家的形象，因此被烟斗客们称之为"音乐家烟斗"。Don Carlos烟斗完全是手工制作的高端产品。

价格：Don Carlos烟斗分为4个等级，最高级的"Chorale"高达2000欧元。

Dunhill（英国）

1907年，Alfred Dunhill在伦敦的Duke Street，St James，开设了他的烟具店，继而他又在伦敦的Masons Yard开设了自己的烟斗生产工厂。1910年，第一批"Dunhill"烟斗，正式推出。"Dunhill"烟斗一经推出，立刻一炮而红，以其独特的设计，精湛的工艺，绝佳的品质，博得了广大烟斗客的认可，名声鹊起，从此一发不可收拾，直到一个世纪后的今天。"Dunhill"烟斗的"白点标记"（White Spot）昭示的是一种品质，一种认同，一种高尚，近百年来，"Dunhill"之所以能够雄踞于烟斗业的顶峰，经久不衰，为世人景仰的最为重要的原因，就

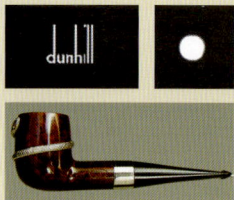

银蛇斗　　　　　　　　中国金鱼斗

是它的品质,每一只"Dunhill"烟斗在出厂之前都需要经过将近100道工序的处理,而且只选用最好的石楠木,绝不补土,产品上几乎没有任何砂眼,完美的工艺,彰显出它的非同寻常的卓越品质。

价格:250欧元起,最贵的一只烟斗达到15万英镑。

E

Tom Eltang (丹麦)

Tom Eltang是当今丹麦最富盛名的制斗大师之一,早先师从于Anne Julie Rasmussen,现任Stanwell首席设计师,他的手工烟斗风格独特,造型美观,用材考究,制作精美。

等级:Tom Eltang的烟斗分为5个等级,从高到低分别用"月亮"、"土星"、"星星"、"太阳"和"蜗牛"来标识。

价格:300~700欧元。

Emin（土耳其）

土耳其最伟大的海泡石烟斗制作大师之一。

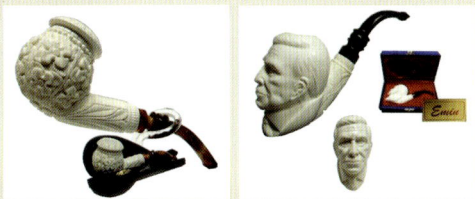

Eyup Sabri（土耳其）

Eyup Sabri是土耳其著名的海泡石烟斗大师，水牛角精心雕制的烟嘴，是其烟斗的独特之处。烟斗制成后，采用特制的蜡溶液进行3次浸泡处理，只需要几次正常使用，烟斗表面的颜色随即可发生显著变化。

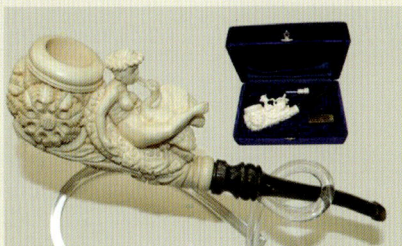

F

Former（丹麦）

Hans Jonny Nielsen是世界上最著名的烟斗大师之一，Former是他的昵称，后来被用作他的烟斗品牌。Hans Jonny Nielsen是丹麦自由式烟斗重要的倡导者，使得一直以来以主流传统自居的英国烟斗受到了巨大的冲击，他的烟斗是简约奔放的风格，对北欧烟斗的总体风格都产生了相当大的影响。

价格：250欧元起。

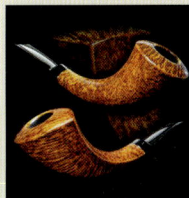

G

Gulel（土耳其）

Gulel 是土耳其著名的海泡石烟斗品牌。MEDET KARA 是 GULEL 公司的首席工匠，他的作品选材考究，雕工精美，造型生动，堪称海泡石烟斗中的精品。GULEL 烟斗的螺旋式烟嘴榫口，选用造价比一般材料高昂 10 倍的缩醛树脂（DERLIN），抗高温，经久耐用。

MEDET KARA
的作品

H

Peter Heeschen（丹麦）

Peter Heeschen 是手工制斗大师，他的烟斗在选材、造型、工艺上都称得上完美。

Jens Holmgaard（丹麦）

Jens Holmgaard（1937 – 2004），生前他的烟斗并不出名，去世后却获得了巨大的声誉。他的烟斗没有任何标识，很难界定，给收藏者们带来了不小的麻烦。

Poul llsted (丹麦)

Poul llsted师从于制斗大师Paul Rasmussen，在 Paul Rasmussen 去世后为其妻子 Anne Julie Rasmussen 工作，后来创立了自己的品牌，专门制作高端手工烟斗。

价格：300~1500欧元。

IMP（土耳其）

IMP是土耳其著名的海泡石烟斗制斗大师Ismail Baglan的品牌，以光面的海泡石烟斗著称。

价格：80~500 美元。

Ismet Bekler（土耳其）

Ismet Bekler 是土耳其最著名的海泡石制斗大师，作品享誉世界，在海泡石烟斗界目前无出其右者。

产量：2000~4000只／年；签名系列烟斗（Signature series）大约 500 只／年

价格：15~500 美元，收藏级系列则高至单价 35000 美元。

Lars Ivarsson（丹麦）

Lars Ivarsson生于1944年，其家族是制斗世家，父亲Sixten Ivarsson是丹麦最负盛名的制斗大师之一，他得父亲真传，最终也成为一代大师。

产量：50～100只／年

价格：500欧元起，而他的高端烟斗很容易达到6000～7000欧元。

Sixten Ivarsson（丹麦）

Sixten Ivarsson出生在瑞典，2001年去世。二次大战时，Sixten Ivarsson随后开始了他的制斗事业，成为著名的制斗大师，20世纪50年代起，任Stanwell的首席设计师。他的儿子Lars，Bo Nordh，Micke和Jess Chonowitsch都是蜚声世界的制斗大家。

价格：现存Sixten Ivarsson的烟斗市价在1000～5000欧元，顶级斗达到5万欧元。

J

Joert（南非）

Joert 是南非制斗名家Johan Slabbert的烟斗品牌。Johan Slabbert选用橄榄树和黑檀木来制作烟斗，作品独具一格。Johan

Slabbert1992年退休，不再制作烟斗。

价格：100美元起。

Karl-Heinz Joura（德国）

Karl-Heinz Joura1974年开始制作手工烟斗，在当时德国极少有手工制斗工匠，经过多年的努力，他最终成为世界级的制斗大师。

价格：175至几千欧元。

K

Teddy Knudsen（丹麦）

1970年Teddy Knudsen开始制作手工烟斗，如今已经是世界级的烟斗大师了。

产量：200只／年

价格：200～3000欧元。

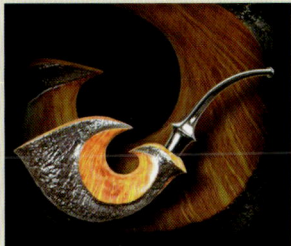

Kural（土耳其）

著名的土耳其海泡石制斗工匠。

L

L'Anatra（意大利）

Massimo Palazzi 先后为 Mastro de Paja，Ser Jacopo 等多家烟斗制造商服务，1997 年他创建了自己的烟斗作坊，和 André a Pasucci 合作创立了 L'Anatra 这一品牌，生产手工烟斗。

产量：2000 只／年

等级：从高到低分别为：一只鹅蛋，两只鹅蛋，三只鹅蛋和"fiaba"。

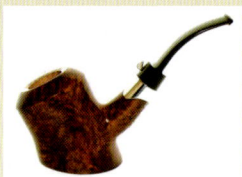

Paul Lanier（法国）

1955 年 Paul Lanier 进入法国著名的 Butz－Choquin 制作烟斗，作品以雕刻造型著称。1994 年，获得"法国最佳工匠"的称号。

W．O．Larsen（丹麦）

Larsen 创立于 1864 年，最初只是哥本哈根的一家雪茄专卖店，店主 Wilhelm Ockenholt

Larsen的儿子Ole Larsen继承了产业，并开始制作手工烟斗，并最终成为丹麦最著名的烟斗制造商，后来Ole Larsen的儿子Niels接替了父亲的事业。2004年Larsen被并购，不再属于Larsen家族。

Gregor Lobnik（斯洛文尼亚）

Gregor Lobnik是年轻一代烟斗制作工匠中的佼佼者，在BC2004年度制斗比赛中进入了前10名。

等级：从低至高分别为：喷砂，☆，☆☆，☆☆☆，☆☆☆☆

M

Mastro de Paja（意大利）

这一品牌创立于1972年，烟斗具有典型的意大利Pesaro烟斗的风格和特点，品质接近。

价格：一般在75～500欧元，高端的产品的价格则更高。

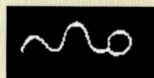

Peter Matzhold（奥地利）

Peter Matzhold的烟斗既有北欧自由式烟斗的特点，又融入传统的欧洲古典烟斗的精粹，形成了自已特有的风格。

等级：从低至高分为：C、D、E、F、G、CU

价格：220～1800欧元。

Moretti（意大利）

Moretti 于 1968 年创立了自己的烟斗品牌，专门制作手工烟斗，其后他的女婿Marco Biagini继承了他的事业，如今Marco Biagini已是意大利最著名的烟斗大师之一了。

产量：1000 只／年

价格：60～200欧元，高端的可以达到400欧元甚至更高。

N

Tao Nielsen（丹麦）

20 世纪 30 年代，Tao Nielsen 和 Poul Ilsted 合作，开设了烟斗工厂，其后 Tao Nielsen 逐渐成为世界烟斗界的知名品牌，至今享有盛名。Tao Nielsen 早已不再亲自制作烟斗了，现在的 Tao Nielsen 烟斗都是其他工匠制作，只是署 Tao Nielsen 的名字罢了。

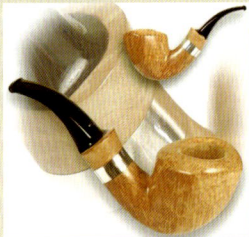

Erik Nording（丹麦）

Erik Nording最初只是在W. O. Larsen的烟斗店里从事修理烟斗的工作，后来他成为了一个出色的设计师，创建了自己的工厂，生产制作手工斗、半手工斗和机制烟斗。现在Nording的烟斗以半手工斗和机制斗为主，纯手工的已经十分罕见了。

产量：15000只／年（手工斗不计算在内）

价格：50～250欧元，手工斗最高可达2000欧元。

O

Oldenkott（德国）

Oldenkott曾是德国最大的烟斗制造商，著名的保时捷烟斗过去就是由他们代加工的，该厂于1992年破产，现在市场上仅存的Oldenkott烟斗一般在1250欧元左右。

P

Peterson（爱尔兰）

1865年，Friedrich Kapp 和Heinrich Kapp 兄弟，在爱尔兰首都都柏林开设了叫做"Kapp Brothers"的烟具店，后来Charles

Peterson加入，改名为 Kapp & Peterson。Charles Peterson造就了一个非凡的烟斗品牌和一系列非凡的烟斗设计和制作方式，使Peterson成为与Dunhill比肩的世界最顶尖的两大品牌之一。Peterson System烟斗掀起了烟斗制作工艺上的一场革命，系统斗和Peterson的烟嘴专利设计"P"嘴对于提高吸烟品质的贡献是无以伦比的。Peterson生产的石楠根烟斗以机制斗为主，此外还生产高品质的海泡石烟斗。

价格：40欧元起。

Porsche Desing(德国)

Porsche不仅以汽车闻名世界，他们的烟斗也再次向世人展现了现代工业设计的全新理念。现在的Porsche烟斗是由荷兰烟斗制造商代工生产的。

Preben cross-beam（丹麦）

Preben cross-beam在烟斗制作上取得了非凡的成就，1989年去世后其作品仍是收到众多收藏者的追捧。

等级：100，200······800（从低至高）

价格：最高端的800级的烟斗价值在几万欧元。

R

Luigi Radice（意大利）

1969年Luigi Radice和Pepino Ascorti创立了Caminetto工作室，1980年，他独立出来，创立了以自己名字命名的烟斗品牌，与他的两个儿子Marzio和Gian Luca一道制作手工烟斗。

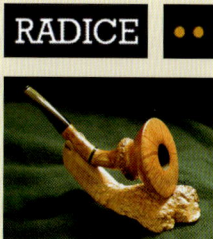

产量：2000只／年

价格：75～250欧元，高端产品超过1000欧元。

S

Saci（日本）

Yukio Okamura是日本手工烟斗的代表人物，他的烟斗带有明显的自由式特色。

等级：从低至高分别为：1～5*

产量：40～50只／年

Sadik Yanik（土耳其）

Sadik Yanik 是公认的海泡石制斗大师，作品以雕刻见长，烟斗上有他的签名作为标识。

价格：250～1500美元，高端的价格更高。

Savinelli（意大利）

Savinelli是意大利历史最悠久的烟斗品牌之一，目前是世界上机制斗年产量最高的公司，也生产少量的手工和半手工斗。

价格：50欧元起。

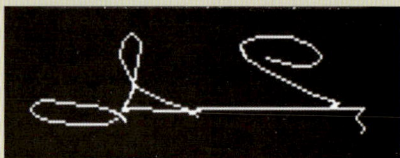

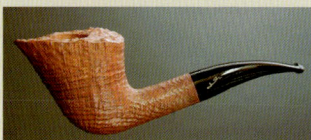

Ser Jacopo（意大利）

Giancarlo Guidi 在1983年创立了自己的品牌 Ser Jacopo，生产手工和机制烟斗，是目前世界上最著名的烟斗品牌之一。

价格：100～500欧元，高端的可达到1750欧元，甚至更高。

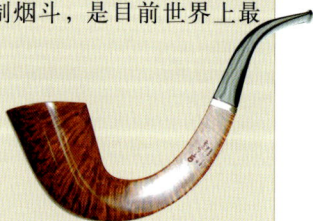

Tommaso Spanu（意大利）

Tommaso Spanu 生活在撒丁岛，和他的两个儿子一道制作手工烟斗，近年来尝试用撒丁岛出产的软木和橄榄木等特殊木料制作烟斗。

等级：从低到高分为：SF，F1，F2，F3，TELEX

价格：100欧元起。

Stanwell（丹麦）

1948年，Poul Nielsen 创立了 Stanwell 公司，经过几十年的努力，现在的 Stanwell 已经是世界上最大的烟斗公司之一。Stanwell 以生产机制烟斗为主，1982年，Poul Nielsen 去世，随后 Stanwell 被 Rothmans 集团收购。

产量：10万只／年

价格：50～125欧元。

T

Trever Talbert（美国）

Trever Talbert 是目前美国最著名的制斗工匠之一，他的作品是典型的美国式的自由式烟斗。

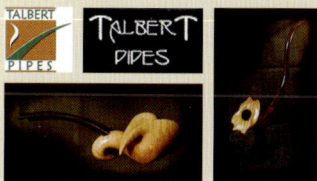

Tokutomi（日本）

Hiroyuki Tokutomi 最初是一个烟斗经销商，经营 Sixten Ivarrson 的烟斗，后来成为一个手工烟斗匠人。誉为喜欢 Eltang 的烟斗，所以把自己的商标设计成了一只蜗牛。

等级：以＊为标志，由低到高分为5级

产量：120只／年

Tsuge（日本）

Tsuge 原是一家生产卷烟的公司，1949年开始生产烟斗，并且成为世界上最大的烟斗制造商之一。手工烟斗被标识为"Ikebana"系列，是由 F u k u d a 制作的；机制斗分为"Yamato"、"Asakusa"、"Sakura"和"Azuma"几个系列。

等级：手工烟斗从低到高的品级为：A，B，C，D

产量：手工烟斗50～300只／年

机制斗30000只／年

U

Upshall（英国）

1978年 James Upshall 创立了 Upshall 这一烟斗品牌，1989年

后，公司几经易主，目前以生产机制和半手工烟斗为主。

价格：150～1000欧元。

V

Vauen（德国）

创立于1848年，是德国历史最为悠久的烟斗制造商，也是目前世界上最大的制斗公司之一，以生产机制斗为主。

产量：5万只／年

价格：40～400欧元。

Luigi Viprati（意大利）

Luigi Viprati 1972 年开始制作手工烟斗，1984 年创立了自己名字命名烟斗的品牌，现在已成为意大利乃至全世界知名的烟斗制作大师。

等级：从低到高分为：1Q，2Q，4Q，5Q，VIP

产量：1000～2000只／年

W

Poul Winslow（丹麦）

Poul Winslow 从 1968 年开始制作烟斗，1985 年创立了自己的

烟斗品牌，现在 Poul Winslow 只负责手工烟斗的最后的工序的制作，其他工作则由助手们完成。

产量：7000 只／年

价格：150～1000 欧元。

Y

Z

Jan Zeman（新西兰）

Jan Zeman在烟斗设计和制作上有着惊人的天赋，他的烟斗丝毫不逊色于任何一位名家，只是由于新西兰政府对烟草的严格限制，他的烟斗产量一直很低，而使世人对这位在烟斗制作上才华横溢的杰出工匠知之甚少。

附录：

世界主要烟斗品牌及商标标识

A

J. Alan Pipes(美国)　　　　Alain Albuission(法国)　　　　 Al Pascia(意大利)

Aldo Velani(意大利)　　　　 Alexander Briar(希腊)

B

Baff(奥地利)　　Baldo Baldi(意大利)　　Kurt Balleby Hansen(丹麦)　　Rainer Barbi (德国)

Bari(丹麦)　　　　Barling(英国)　　　　Barontini(意大利)

C

Caminetto(意大利)　　　Carey's(美国)　　　Cassano(阿根廷)

Castleford Kent (英国)　　Castello(意大利)　　Bengt Carlson(瑞典)

D

Danske Club（丹麦）

Davidoff（瑞士）

Jody Davis（美国）

D'Capo（阿根廷）

De Jarnett pipes
（美国）

Design Berlin
（德国）

Don Carlos（意
大利）

Dr. Grabow
（美国）

Dunhil（英国）

E

E.Andrew Briars （美国）

EWA （法国 ）

Tom Eltang（丹麦）

F

Faaborg （丹麦）

Charles Fairmorn（丹麦）

Ferndown（英国）

G

GBD（英国）

Genod（法国）

Graco（法国）

H

Hardcastle（英国）

Peter Hedegaard（丹麦）

Peter Heeschen（丹麦）

I

Poul Ilsted(丹麦)

Ismet Bekler(土耳其)

Sixten Ivarsson(丹麦)

J

Java（俄罗斯）

Jeantet(法国)

George Jensen(丹麦)

Jirsa（加拿大）

K

Kirsten Pipe(美国)

Karl Erik(丹麦)

Kallenberg(德国)

Johan Kock（丹麦）

Kaywoodie(美国)

Teddy Knudsen(丹麦)

Peter Klein(德国)

Kriswill(丹麦)

L

L'Anatra(意大利)

Le Nuvole(意大利)

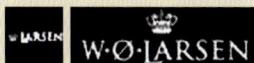

W. O. Larsen(丹麦)

Jorgen Larsen(丹麦)

Paul Lanier(法国)

Les Wood(英国)

M

Cornelius Manz(德国)

Mastro de Paja(意大利)

Peter Matzhold(奥地利)

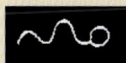

Maurizio(意大利)

N

Elliott Nachwalter(美国)

Heiner Nonnenbroich(德国)

Bjarne Nielsen(丹麦)

Tao Nielsen(丹麦)

Neerup(丹麦)

Bo Norh(瑞典)

Erik Nording(丹麦)

O

Oldenkott(德国)

Orlik(英国)

P

Peterson(爱尔兰)

Peter Stokkebye(丹麦)

Dr.Plumb's(英国)

R

Luigi Radice(意大利)

Kent Rasmussen(丹麦)

Soren Refbjerg Rasmussen(丹麦)

Refbjerg(丹麦)

Regency(美国)

Reiner(德国)

Tom Richard(德国)

S

Sillem's(意大利，德国)

Saci(日本)

Bertram Safferling(德国)

Roland Schwarz(德国)

112

T

Karsten Tarp(丹麦)

Trever Talbert(美国)

Jacono Tonino(意大利)

Paul Tatum(美国)

Robert Threeton (美国)

Mark Tinsky(美国)

U

Upshall(英国)

V

VAUEN(德国)

PH Vigen(丹麦)

Luigi Viprati(意大利)

W

Wessex (法国)

Gerhard William(德国)

H.Willmer & Son Ltd (英国)

Z

Jan Zeman(新西兰)

烟斗品牌一览表

Abbey Pipes(英国)

AND(土耳其)

Sore Eric Andersen(丹麦)

Astleys(英国)

Atom(土耳其)

Franc Axmacher(德国)

Bargiel(法国)

Bartoli(意大利)

Bayard (法国)

Paul Becker (德国)

Bjorn Bengtsson(瑞典)

Blakemar(英国)

Buyukcopur(土耳其)

Paul Bonaquisti(美国)

Walt Cannoy(美国)

Svend Axel Celius(丹麦)

Civic(英国)

James T. Cooke(美国)

Crown(丹麦)

Emin(土耳其)

EP(土耳其)

Ertugrul(土耳其)

Lee von Erck(美国)

Eyup Sabri(土耳其)

Peter Fischer(瑞士)

Tony Fillenwarth(美国)

Alexey Florov(美国)

Wheel Ford(德国)

Refuge Fox(德国)

Mario Gasparini(意大利)

Love Geiger(瑞典)

Frank Genna(美国)

Norbert Gerharz(德国)

Giovanni (意大利)

GRC(美国)

Gulel(土耳其)

Poul Hansen(丹麦)

January Harry(德国)

Peter Heding(丹麦)

Gert Holbek(丹麦)

Hussein Yanik(土耳其)

Jens Holmgaard(丹麦)

Peter Hee(丹麦)

IK(土耳其)

Imdat(土耳其)

IMP(土耳其)

Ingo sheaf(德国,丹麦)

Ismail Baglan(土耳其)

Lars Ivarsson(丹麦)

Joert(南非)

Todd Johnson(美国)

JULS — Julian shepherd(德国)

Guenter Kittner(德国)

Richard Knight(美国)

Holmer Knudsen(德国)

Sven Knudsen(丹麦)

Kural(土耳其)

Tyler Lane(美国)

Sam Learned(美国)

Ove Lindahl(丹麦)

Lion(英国)

Gregor Lobnik(斯洛文尼亚)

Vincenzo Lombardi (意大利)

Svend AA. Lund(丹麦)

Colm Magner(丹麦)

Manduela(丹麦)

Marchetti(美国)

Mehmet(土耳其)

Robert Mewis(德国)

Medet(土耳其)

Milville(英国)

Pierre Morel(法国)

Juergen Moritz(德国)

Rolando Negoita(美国)

Bent Nielsen(丹麦)

Dock Nielsen(丹麦)

Tonni Nielsen(丹麦，美国)

Viggo Nielsen(丹麦)

Nimbus(丹麦)

Heinz Nolte(德国)

Ingmar Oppenberg(德国)

Petrol Pollner(德国)

Random(美国)

Kaj Rasmussen(丹麦)

Peter Rasmussen(丹麦)

Tony Rodriguez(美国)

Brian Ruthenberg(美国)

S. Fear For(丹麦)

Sadik Yanik(土耳其)

Juergen Schmitt(德国)

Salim Sener(土耳其)

Tekin Sener(土耳其)

Sevket(土耳其)

SMS(土耳其)

Dennys Souers(美国)

Suhr's Pibermageri(丹麦)

Syring(德国)

Nile Thomsen(德国)

Bjoern Thurmann(丹麦)

Urup(丹麦)

Julius Vesz(加拿大)

Vollmer & Nilsson(瑞典)

Von Erck Classics(美国)

Reinhardt Volz(德国)

Rene Waehner(德国)

Jack Weinberger(美国)

Randy Wiley(美国)

Hans Wormit(德国)

Yunus(土耳其)

三好图书网
www.3hbook.net

好人·好书·好生活

我们专为您提供
健康时尚、**科技新知**以及**艺术鉴赏**
方面的**正版图书**。

入会方式

1.登录**www.3hbook.net**免费注册会员。
（为保证您在网站各种活动中的利益，请填写真实有效的个人资料）
2.填写下方的表格并邮寄给我们，即可注册
成为会员。（以上注册方式任选一种）

会员登记表

姓名：_____ 性别：_____ 年龄：____

通讯地址：_____

_____

e-mail：_____

电话：_____

希望获取图书目录的方式（任选一种）：

邮寄信件 □   e-mail □

为保证您成为会员之后的利益，请填写真实有效的资料！

会员优待

·直购图书可享受优惠的
折扣价
·有机会参与三好书友会
线上和线下活动
·不定期接收我们的新书
目录

网上活动

请访问我们的网站：
www.3hbook.net

三好图书网
www.3hbook.net

地　址：北京市西城区北三环中路6号 北京出版集团公司7018室　联系人：张薇
邮政编码：**100120** 电　话：（010）58572289　传　真：（010）58572288

新书热荐

橄榄核雕把玩与鉴赏（修订本）

挂件手把件把玩与鉴赏（修订本）

和田玉把玩与鉴赏（修订本）

核桃把玩与鉴赏（修订本）

葫芦把玩与鉴赏（修订本）

琥珀蜜蜡把玩与鉴赏（修订本）

鸟笼把玩与鉴赏（修订本）

折扇把玩与鉴赏（修订本）

手串把玩与鉴赏（修订本）

铜印钮把玩与鉴赏（修订本）

象牙雕刻把玩与鉴赏（修订本）

烟斗把玩与鉴赏（修订本）

紫砂壶把玩与鉴赏（修订本）

品好书，做好人，享受好生活！

三好图书网
www.3hbook.net